云知识探秘科普丛书

知云解云
Zhi Yun Jie Yun

戴云伟　史学丽　编著

气象出版社
China Meteorological Press

图书在版编目（ＣＩＰ）数据

知云解云 / 戴云伟，史学丽编著. -- 北京 : 气象
出版社，2022.8
（云知识探秘科普丛书 / 戴云伟主编）
ISBN 978-7-5029-7751-1

Ⅰ. ①知… Ⅱ. ①戴… ②史… Ⅲ. ①云—普及读物
Ⅳ. ①P426.5-49

中国版本图书馆CIP数据核字(2022)第119179号

知云解云
Zhi Yun Jie Yun

戴云伟　史学丽　编著

出版发行：气象出版社

地　　址：北京市海淀区中关村南大街46号　邮政编码：100081

总 编 室：010-68407112（总编室）　010-68408042（发行部）

网　　址：http://www.qxcbs.com　　　　E－m a i l：qxcbs@cma.gov.cn

责任编辑：黄海燕　　　　　　　　　　终　　审：吴晓鹏

责任校对：张硕杰　　　　　　　　　　责任技编：赵相宁

设　　计：楠竹文化

印　　刷：北京地大彩印有限公司

开　　本：787 mm × 1092 mm 1/16　　印　　张：9.75

字　　数：135千字

版　　次：2022年8月第1版　　　　　　印　　次：2022年8月第1次印刷

定　　价：68.00元

科学顾问与技术指导专家

科学顾问：丁一汇（中国工程院院士）

特邀顾问：孙　健（中国气象局公共气象服务中心原主任）

　　　　　曾鸿阳（台湾"中国文化大学"大气科学系主任）

技术指导：何立富（中央气象台首席预报员）

　　　　　李臺军（台湾玉山气象站观测员）

　　　　　赵　勇（中国第 33 次南极科考队气象观测员）

　　　　　王宪彬（中国第 12 次南极科考队气象观测员）

　　　　　刘恒德（山东泰山气象站观测员）

　　　　　王时引（山东枣庄气象局观测员）

前言

云是最常见的天气现象，雨、雪、冰雹、雷电等天气的形成都和云有着密不可分的联系。数百年来，科学家研究云，艺术家从云中寻找灵感，云已经成为丰富思想艺术的源泉，在这一点上鲜有其他自然现象可与之相比。

人类认识天气变化是从观云开始的。早在东汉时期，我国哲学家王充就在其著作《论衡》中指出："云雾，雨之征也。"在1820年天气图问世前的历史长河中，人类对于天气的认识和理解基本依赖于对云的观测。1896年，第一本《国际云图》问世，让云初步形成谱系，以科学的面貌呈现在世人面前。

现代，随着科技的不断进步，云的观测不再依赖于人的肉眼。计算机和人工智能技术的发展引导了气象观测技术的发展，也催生了更多观云识云的高科技手段，使得对云的观测从地面人工观测拓展到了太空卫星自动观测。气象卫星观测范围广、次数多、时效快、数据质量高，不受自然条件和地域条件限制，已远非人力目测可比。现代气象观测手段提供的丰富的云观测数据，更是成为研究天气气候、科学应对气候变化的重要依据，为更加准确地"观云识天"奠定了坚实基础，为减少气象灾害损失、保护人类安全福祉提供了可靠支撑。

2015年，我国正式取消了云的人工观测，这意味着在现代天气预报业务中，云的人工观测已经可以被雷达、卫星等高科技的自动化观测手段所代替。尽管如此，观云识云仍是气象专业人士完整掌握气象知识不可或缺的学科敲门砖。同时，对于被云吸引的公众而言，观云识云既能满足自身感官上的欣赏需求，又能激发其对自然现象的探知欲望，是科普气象知识的绝佳入口。2017年，世界气象组织将世界气象日主题定为"观云识天"（Understanding Clouds），以突出表现云在天气气候和水循环中所发挥的巨大作用。

"云知识探秘科普丛书"是一部介绍云基本知识、形成机理等的科普丛书，它不仅涵盖了气象学中关于云的理论，同时也延续了"观云识天"的科普主题内容，对弘扬科学精神、传播科学思想、提升全民防灾减灾意识起到了积极推动作用。在丛书创作过程中，作者着力将天气学原理做了通俗化、形象化、趣味化处理。读者无须通晓专业理论，便能清晰地了解与人类生活息息相关的云的知识，使读者对探索专业知识的深层需求得到最大程度的满足。台湾"中国文化大学"大气科学系主任曾鸿阳给予丛书评价："作者戴云伟老师长期深耕于天气预报研究和科普推广，透过经验积累与对云的了解，完整收集了各种云的图像。经由分辨云的特征，带我们从云中探索隐藏在其间的天气密码，了解云的喜怒哀乐，更从云之欣赏中，将科学、美学融入生活。"中国气象科学研究院研究员张纪淮说："'云知识探秘科普丛书'是一套很好的书，它深入浅出地反映了作者对云分类观测的重要性和科学意义的理解。云是雨之母！它不仅是研究成云致雨过程的第一手资料，而且包含着大气运动和水循环系统的丰富信息。作者将水汽比喻为'显影剂'，并形象地提到'云是各种大气运动显影后的影像'，其比喻和描述都是很贴切的。"

丛书共分三册：《观云识云》《知云解云》和《奇云异彩》。《观云识云》介绍了云的基本常识以及气象学分类中全部29类云的基本特征，作者将纷繁复杂的云的名字总结为"记云秘籍"，并从通俗理解的角度给特征突出的云"贴"了"个性标签"，易学易记。除了用云的相片来展示各类云的基本特征外，作者还拍摄了大量云的动态视频，读者可以通过手机扫描书中的二维码，观赏各类云的变幻，清晰了解云的演变过程。《知云解云》巧妙运用云的照片和机理示意图等，再结合生活中的天气现象实例，科学梳理了云的成因及其对天气变化的预示意义。《奇云异彩》通过形象的比喻和通俗的说明，揭示了云对太阳光的散射、反射、折射、衍射等现象的本质，看云如何魅力"四射"。

　　值此成书之际，感谢为本丛书精心指导的顾问、专家、领导，以及提供摄影、书法、绘画等珍贵素材的老师、朋友们。感谢方翔、郭建平、苏正军、吴金平、信欣、祁保刚等给予的帮助！

　　丛书的出版得到了中国气象局公共气象服务中心、华风气象传媒集团的鼎力支持，以及国家重点研发计划项目"服务于气候变化综合评估的地球系统模式"课题（2016YFA0602602）的资助。

　　由于时间仓促，本丛书还存在诸多不足，欢迎读者批评指正。

作者

2022年6月

目录

大气层基本知识

　　大气层是云存在的环境背景，为了方便读者知云解云，本书首先介绍大气层的基本知识。

地球外围的大气层　戴云伟 / 合成

　　大气是吸附在地球外围的一层混合气体，在重力的作用下包裹着地球，形成大气层。大气层使得地球温暖舒适，它是地球生命的摇篮，又是其保护伞。如果大气层消失，地球水分将会在一夜之间化为乌有，生命便会枯竭，地球就会像月球一样，只剩下岩石。另外，大气层又像地球的"盾牌"，它将很多流星陨石烧毁在大气层中，为地球挡住了大多数流星陨石的袭击。从卫星上看，大气层就像一层浅蓝色的透明薄纱覆盖在地球表面。

地球上的大气有多厚

就像鱼儿畅游在海洋里，其实人类也是生活在大气层这个"海洋"的底部。大气和海洋一样，都是因地球重力而被吸附在地球表面的流体，不同的是海洋为液体，而大气为气体。

大气轻而透明，不像海洋那样看得见、摸得着，只有当大气运动时，人们才能感觉到，即风。其实，风和水的流动十分类似。

大气层的厚度　视觉中国

大气层究竟有多厚？其实地球大气的外围并没有明显的界限，科学界至今也没有给出一个统一确定的厚度。不同学科对大气层厚度的定义各有不同，在气象领域，一般把 1000 千米作为大气层厚度的上界。大气层下部稠密，上部稀薄，自然条件下，一般海拔高度 5 千米以上已经不再适合人类长期居住。

003

大气层基本知识

大气的垂直分层

　　根据气温和水汽的垂直分布、大气的扰动程度和电离等不同物理性质，世界气象组织（WMO）把大气层分为五个层次，自下而上依次为对流层、平流层、中间层、热成层和散逸层。

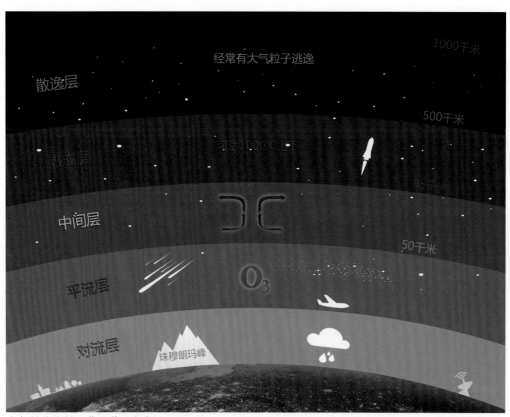

大气层的分层　戴云伟／合成

　　对流层：天气气候变化以及伴随的大气现象大都发生在这一层。

　　平流层：臭氧（O_3）最集中的地方，又称臭氧层。

　　中间层：上冷下暖，有垂直运动，又称高空对流层。

　　热成层：又称热层、暖层、电离层，温度可达 1000℃。

　　散逸层：常有大气粒子逃离地球束缚，也会有外来粒子闯入大气层。

因受热性质不同，各层表现出不同的变化特征。大气层温度随高度变化的曲线有点像求和符号∑。对流层的气温随高度升高而降低，对流层上部气温常年在零下五六十摄氏度；到了平流层，气温随着高度升高而升高；再往上的中间层气温又随高度升高而下降；散逸层的气温再随高度升高而增大。

本套丛书所关注的云都出现在对流层，对流层之上的大气层也会出现一些特殊的"云"与光现象，主要有贝母云、夜光云和极光。

大气层温度垂直变化及各层常见现象　戴云伟/合成

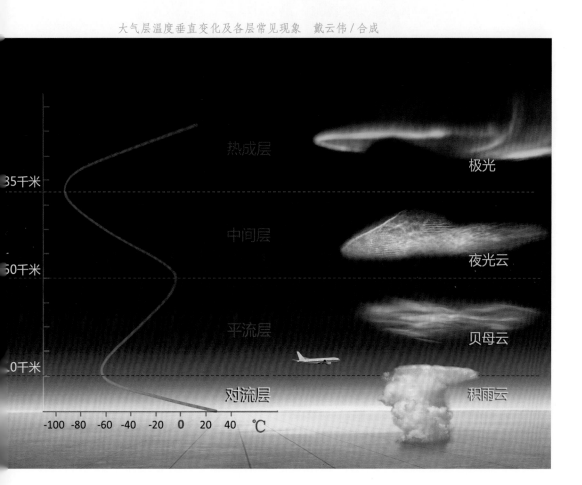

北极光　源于中国气象报社

　　极光是出现在地球两极热层中的一种大气光学现象，由来自太阳的带电粒子流（太阳风）使大气中的分子、原子激发（或电离）而产生。

北极光　源于中国气象报社

　　北极附近的阿拉斯加、冰岛、加拿大北部等都是观赏北极光的极佳地点。极光出现的高度距离地面 100 ～ 200 千米，这也是流星出现的高度。

南极光　王曙东/摄

　　极光不只出现在北极地区，南极地区也可经常见到，从颜色上看，南北两极出现的极光没有什么区别。

南极光　赵勇/摄

　　图为在中国南极中山科学考察站拍摄到的极光，透过极光还可看到满天星斗。

中间层中的夜光云　视觉中国

　　夜光云指出现在高纬度地区的一种发光而透明的波状云，高度在 80 千米左右。它由表面覆盖了冰的尘粒组成。

中间层中的夜光云　视觉中国

　　夜光云宛如流光，透明白亮，具有明显的网状、带状或波状结构，一般只能在太阳升起之前或降落之后才可以看到。

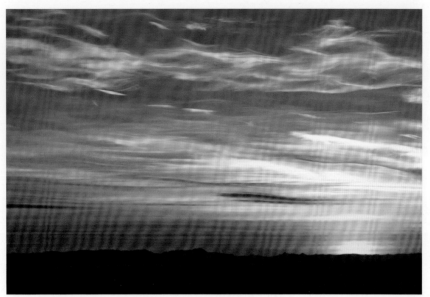

平流层中的贝母云　视觉中国

　　图中上部的彩云为贝母云，由大量十分均匀且直径为 2～3 微米的微小粒子组成，光照下可以产生像珍珠一样的视觉效果，因此又称珠母云。

平流层中的贝母云　视觉中国

　　在高寒的极地上空，大气稳定，地形引起的大气波动可以向上传达至二三十千米，如果那里的水汽临近饱和，在波动的上升部分就可形成贝母云。

对流层——天气变化的舞台

对流层处于大气层的最底层，其下界与地表相接，上界与平流层相接。对流层是地球大气密度最大的一层，集中了整个大气层约75%的空气质量和90%以上的水汽。对流层厚度随地理纬度和季节变化，在低纬度地区平均为17～18千米，在中纬度地区平均为10～12千米，在极地平均为8～9千米，并且夏季高于冬季。各种天气气候现象大都发生在对流层，这一层对人类活动和整个生物界影响最大。

触及对流层顶部的积雨云　视觉中国

积雨云向上发展，到达一定高度后其顶部仿佛触到了天花板而展平，无法再继续向上发展。这个高度即对流层顶部的高度，其上就是十分稳定的平流层。单从对流层的名字来看，它似乎时时刻刻都处于失衡的对流状态中，其实，这里发生的对流都只是短时、局地和有条件的，静力平衡才是整个对流层的常态。

🐚 人类挑战对流层的探空梦

　　早期的气象探测技术十分落后，为了获得高空大气资料，1862 年 9 月 5 日下午，气象科学家詹姆斯·格雷舍尔在英格兰乘坐热气球对地面到 11 千米高空的气象要素进行了测量。其间他经历了危险的昏迷阶段，但最终还是与同伴安全返回了地面。格雷舍尔的观测结果很有价值，最著名的是验证了盖·吕萨克在 1804 年提出的定律，即高度每上升 91 米，温度就下降 1℃。

气象科学家詹姆斯·格雷舍尔　魏思静 / 绘

　　乘坐气球观测大气层，这是人类最早获得探空资料的手段，但也时刻面临着生命危险。直至 20 世纪 30 年代才有无线电气象探空仪，它悬在氢气球的下面，随气球升空不断探测，同时借无线电遥测技术，迅速利用电报将探测的结果自动发向地面接收站。这种仪器使用简便、费用低廉，且都是一次性使用，至今仍是高空探测的主要手段。

大气层基本知识

潜入水中我们可以感觉到水带来的压力。物理学上定义，单位面积上所受到的压力叫压强。地球大气如同海水一样被重力吸引着，形成大气层，大气层同样也会形成压强。无论液体还是气体，组成它们的分子一直都在高速运动着，压力就来自于分子运动所形成的撞击。在室温下，空气分子的平均速率约为 461 米 / 秒，相当于枪弹的速度。但凡与之靠近，便会遭到其猛烈的撞击，大量分子撞击的宏观表现就是压强，密度越大、温度越高，分子运动所带来的撞击力度越大，压强就越大。

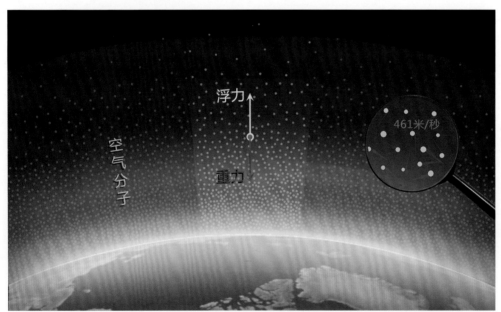

气压的成因　戴云伟 / 合成

压强的单位常用帕斯卡（Pa）和巴（bar），对于大气来说，单位"巴"太大、"帕斯卡"（简称"帕"）太小，因此取巴的千分之一（毫巴）、帕的一百倍（百帕）作为气象专业的基本单位。现在则常用百帕。

通常把温度 0℃、纬度 45° 的海平面气压称为 1 个标准大气压，其值为 760 毫米水银柱高度，或相当于 1013.25 百帕。

相对于地球静止的大气，某一高度的气压等于单位面积向上延伸到大气上界的垂直空气柱所产生的重力，气压随高度增加而减小。整个大气被重力层结作用均匀吸附在地球上，因此任意高度的水平面上气压处处相等。等高度面也即气压相同的面，简称等压面。

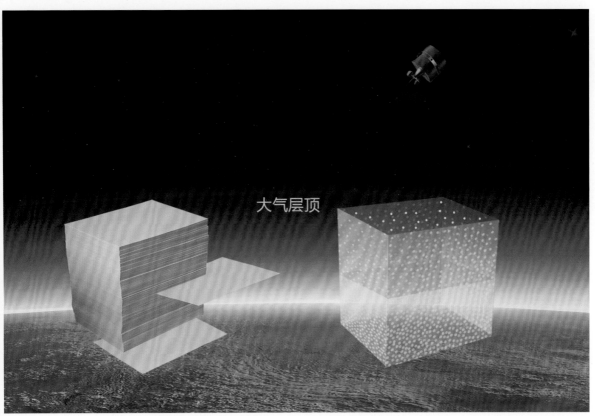

大气层顶

纸张与等压面　戴云伟 / 合成

为了便于理解，我们把整个大气层想象为一摞纸，有 1013 张，假设每张纸产生的压强为 1 百帕，则最上面的纸张所承受的压强为 0，而该摞纸对其下地面产生的压强就为各张纸所产生的压强之和，即 1013 百帕，或 1 个标准大气压。这些不同高度的纸面就相当于该高度的等气压面。大气相对地球静止时，一层层的等气压面就如同这些纸面，都是水平的。

当大气受到某种干扰后，本来水平的等压面就会出现波状或凹凸状，这些波状或凹凸状的等压面可理解为天气系统，往往伴随着大气的垂直运动，上升运动区可能产生云雨，下沉运动区往往天气晴好。常见的天气系统有槽、脊、低压、高压等。天气预报工作的本质就是及时追踪这些天气系统的行踪，只要知道它们的位置、强度和未来动向就可预报天气。

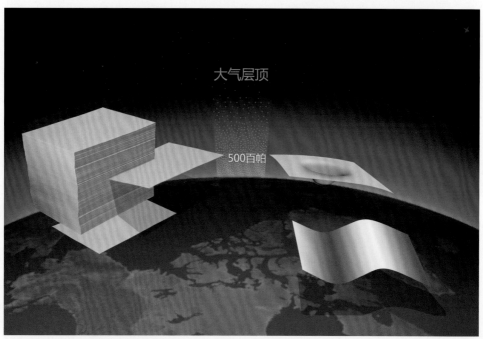

等压面与天气系统　戴云伟/合成

在全部气象要素中，最能直接体现天气系统动向的是气压，通过观察地面气压的变化就可大概知道天气的晴雨变化。1643年气压表发明问世，人们把它称为晴雨表。天气系统过境时，气压会有起伏变化。在天气变坏前，很多老年人都可提前感觉到关节处有痛感。这是因为关节出现病变或衰老时，调节关节腔内外压差变化的能力变差，从而产生疼痛，当然这也与天气变化前湿度增加有关。气压降低、湿度增加，通常是即将有云雨的前奏。

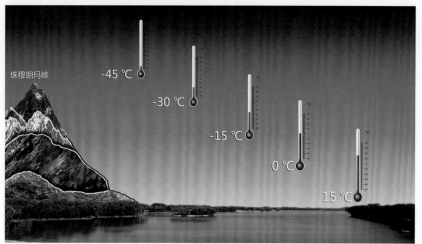

对流层上冷下暖　戴云伟 / 合成

对流层气温随高度升高而降低，平均每上升 100 米，气温下降约 0.65℃。这种上冷下暖的气温分布是对流层的常态，也可理解为"顺温层"。

对流层上冷下暖的原因　戴云伟 / 合成

空气不易直接吸收太阳短波辐射，却擅长吸收地表长波辐射。因此在对流层，距离地面越高，吸收地表长波辐射越少，气温会越低，所谓"高处不胜寒"。

🐚 大气稳定性

由物理学可知，任何物体的受力有平衡和失衡两种情况。静止物体所受合力为零，则处于平衡状态；如果所受合力不为零，则处于失衡状态，物体就会加速运动。平衡又可分为三种状态，即稳定平衡、中性平衡与不稳定平衡。不倒翁玩具就是一个稳定平衡的例子。

大气的稳定性问题要比普通物体复杂得多，除了位能（势能），还涉及内能、潜热能，而且会随着大气的垂直运动而改变。

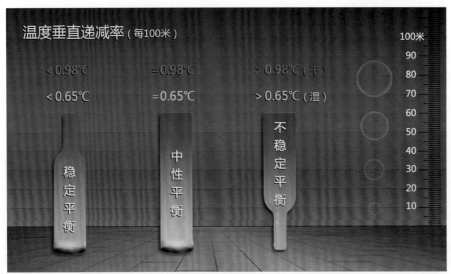

大气的垂直稳定性　戴云伟/合成

当空气块所受重力与浮力达到平衡时，称大气处于静力平衡。如果浮力大于重力，则垂直受力失衡，即意味着对流发生。根据温度垂直递减率来判断大气是否稳定是最简单的，对于干空气，当递减率大于 0.98℃ /100 米时，说明大气处于不稳定的静力平衡状态。此时如果给予一定高度的抬升，浮力可能大于重力而失衡。湿空气的垂直递减率大于 0.65℃ /100 米时就处于不稳定平衡。稳定平衡的大气中形成的云多是层状的，而不稳定大气中形成的云多是积状的。

 逆温层

在对流层，气温一般随高度增加而降低，但由于空气流动、辐射等影响，有时会在某一层出现气温随高度增加而升高的现象，即逆温。

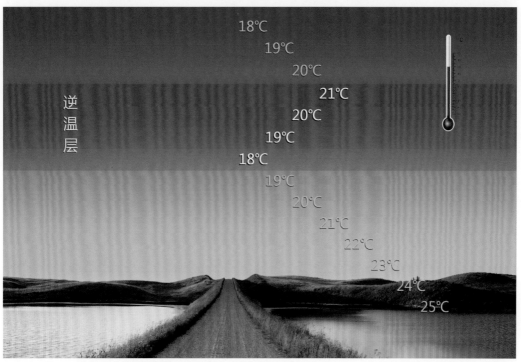

18℃
19℃
20℃
21℃
20℃
19℃
18℃
19℃
20℃
21℃
22℃
23℃
24℃
25℃

逆温层

对流层中的逆温层　戴云伟／合成

气温的垂直结构直接影响物质、能量在垂直方向的交换。通常，对流层气温一般随高度增加而降低，每升高 100 米气温会下降约 0.65℃。本书在介绍对流层温度垂直分布时，把这种气温随高度降低的气层称为顺温层，这样的气温分布十分利于大气通过湍流或对流形成物质和热量的垂直交换。而逆温层的气温分布状态可以算得上是对流层的"叛逆"，它会造成该层大气十分静稳，垂直交换基本停止，似"死水一潭"。根据形成原因，逆温大致可分为辐射逆温、平流逆温、下沉逆温、锋面逆温、湍流逆温、地形逆温。

逆温层覆盖下的大气层　赵勇 / 摄

　　当对流层的气温表现为下暖上冷的"顺温"分布时，整个对流层相当于一个大烟囱，十分有利于将地表的水汽、排放的烟尘等细小颗粒物通过湍流、对流"抽"向高空并扩散到更广阔的空间。人类生活在对流层大气的底部，这种"顺温"结构形成了宜居的环境。

　　而当某个层次出现逆温时，这个逆温层就如同一块巨大的布笼罩着下层的空气，本该正常向上传输的水汽、细小颗粒物就会被逆温层阻滞并淤积。逆温层是层状云、雾、霾以及空气污染形成的主要幕后气象"元凶"。

逆温层下的雾　戴云伟 / 合成

　　逆温层存在时低空常常会出现雾，使得水平能见度显著降低。雾与云的区别仅仅在于是否接触地面。

逆温层下的霾　戴云伟 / 摄

　　在逆温层控制下，生活和工业排放的气溶胶颗粒会被抑制在低空，无法通畅地向上扩散，会出现霾。

逆温层下的炊烟　戴云伟／摄

　　丘陵地带冬日的清晨，低洼处最容易形成地形性逆温。炊烟受到逆温层的抑制，笼罩着整个村庄，空气中弥漫着浓浓的烟味。

逆温层下的层云　源于中国气象报社

　　逆温层是层状云形成的一个基本条件，层云、雨层云、层积云、高层云等上部一般都有逆温层的存在。

我们把不含水分的空气称为干空气，含有水汽的空气称为湿空气，常用湿度来描述湿空气中水分的多少。表示湿度的物理量有多个，如绝对湿度、相对湿度、混合比和露点温度等。它们可从不同角度来表示湿度，其中相对湿度较为常用。

相对湿度即空气中实际含有的水汽质量与饱和时可容纳的水汽质量之比。目前，专业上是根据水汽压来定义相对湿度，本书为了方便读者理解，采用水汽质量来定义。业界最初也是根据水汽质量来定义的，只是因为水汽质量不易直接测量，所以才调整为以水汽压来定义。更为有趣的是，尽管无法用肉眼看到空气中的水汽，但是我们的头发却能"感知"水汽多少，因为其长度会随环境空气湿度伸缩，而且很有规律，毛发湿度计正是据此（即以人的头发为感应元件）来显示空气相对湿度的。

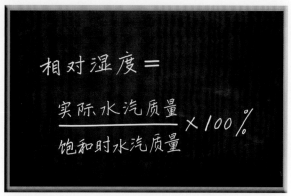

相对湿度公式

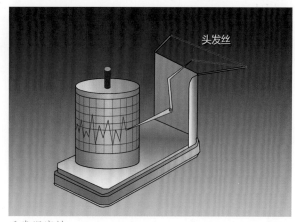

毛发湿度计

湿度与饱和

一定气压和体积下，空气容纳水汽的能力由温度决定，温度越高，容纳水汽的能力越大；温度越低，容纳水汽的能力越小。所以，夏季空气容纳水汽的能力大，冬季则小。

不同温度下的饱和水汽压

温度（℃）		-40	-30	-20	-10	0	10	20	30	40
水汽含量（克/米³）				1	2.5	5	9.5	17	30	
饱和水汽压	百帕	0.19	0.51	1.25	2.87	6.11	12.28	23.90	42.48	73.86
	毫米汞柱	0.14	0.4	0.9	2.2	4.6	9.2	17.9	31.9	55.4

倒扣水面容器内的饱和　戴云伟/合成

倒扣在水面上的玻璃容器内同时进行着蒸发过程和凝结过程，经过一段时间后两个过程达到平衡。这时容器内的水汽就饱和了，有点类似一定体积的容器内"喝饱"了水汽的意思。

相对湿度用空气中实际含有的水汽质量与同等气温下的饱和时潜在可容纳的水汽质量之比的百分数表示，例如相对湿度 30% 即表示此时空气中的水汽处于三成"饱"的状态，言外之意，还可再容纳另外七成的水汽。通常环境空气相对湿度在 40% ～ 60% 时人体感觉最舒适，太低感觉干燥，太高则感觉潮湿。

不同湿度下的水汽含量　戴云伟 / 合成

　　根据水汽含量，湿空气可分为未饱和、饱和和过饱和三种状态。相对湿度低于 100% 时为未饱和湿空气，类似于空气"未喝足"水汽。饱和时的相对湿度为 100%，即空气恰好"喝饱"水汽。通常当湿空气饱和后，多余的水汽会凝结为液体，但在某些特殊条件下，因缺乏凝结核，密闭容器内水汽即便远远超过饱和时的水汽含量，水汽也不会凝结为液体，此时湿空气就处于过饱和状态，好比空气"喝撑了"水汽。自然条件下的空气或多或少都含有杂质，所以一般不会出现过饱和的情况。

🐚 经常被误叫的水汽

水汽是指水的气态形式，无色透明，肉眼无法直接看到。生活中，经常有人将那些看得见的水雾误称为水汽，其实这些小范围出现的水雾是水的液态或固态形式，由小水滴或冰晶组成。水雾是人们对小范围云雾的一般描述性说法。例如，热力发电厂冷却塔上方的水雾、茶杯上的水雾，以及冬季我们呼出的水汽迅速凝结成的水雾。

水雾　视觉中国

水雾　视觉中国

水雾　视觉中国

水的相态

　　自然条件下水有固态、液态、气态三种相态，之所以表现出不同相态，主要是因为水分子的分布结构不同。水汽中的水分子间彼此保持着完全自由的状态，在给定的空间内，每个水分子都有机会到达任何位置，除相互碰撞外，分子间没有其他相互作用力限制其自由运动。水汽绝大部分集中在大气的低层，一半的水汽集中在 2 千米以下，12 千米高度以下的水汽约占全部水汽总量的 99%。

大气层基本知识

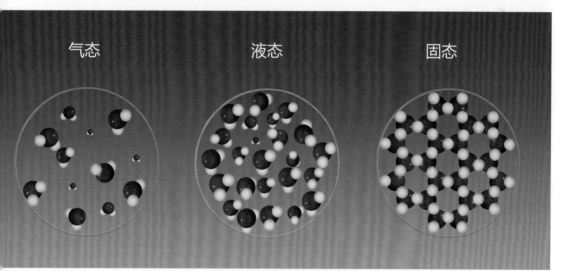

不同相态的结构　戴云伟/绘

　　液态水分子间的距离要比气态小很多，分子运动杂乱无章，除了像气体一样自由运动外，分子间还有一定的吸引力，让一部分水分子可以吸附在一起，但随时又被撞散。这种吸引力在水面上表现为表面张力。直径小于 2 毫米的水滴在大气中都被表面张力收缩为球形。液态的水与水汽一样都具有流动性，遵循流体力学的规律。

　　固态冰的分子排列很有规律，也正因如此，云中的冰晶以及降落的雪花都以六边形或六角形为最基本特征。

🌀 水在天空中的相态形式

水汽、云、雨滴、雪花、霰、冰粒、冰雹等是水的三种相态在天空中所呈现出的不同形式。作者给中小学生做科普讲座时，问及云是水的什么相态时，总是有很多学生脱口而出"云是气态"。从外观上简单判断，云的确很像一团气。其实，云是液态的水滴、固态的冰晶聚集成群的一种状态，它可以由单一的水滴或冰晶聚集组成，也可由水滴、冰晶共同聚集组成。因此，云不是水的气态形式。

水的相态形式　戴云伟/绘

我们可以根据云的高度及外观特征粗略判断云中水的相态组成。一般低云由液态水滴组成，蔽光性好；中云由水滴、冰晶混杂组成；高云由固态冰晶组成，透明性好，多为丝缕状。甄别云中水的相态组成是现代气象科学中研究云最重要的一步，水滴和冰晶在辐射特性方面扮演着不同的角色，相对而言，水滴组成的云反射性好，冰晶组成的云透射性好。

🐚 云的沉降

据前面介绍的大气层基本知识可知，重力对空气分子的沉降作用造成低层空气密度大、高层空气密度小。

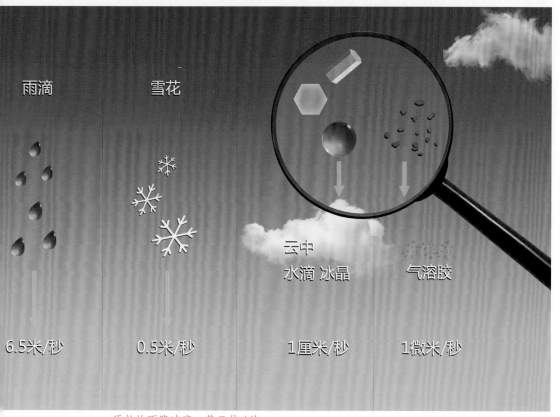

雨滴　6.5米/秒

雪花　0.5米/秒

云中 水滴 冰晶　1厘米/秒

气溶胶　1微米/秒

质粒的下降速度　戴云伟 / 绘

空气分子是纳米级别大小的质粒，受重力影响都如此明显，云中的水滴、冰晶直径约 20 微米，它们受到的重力作用会更加明显。如果没有足够的上升气流托举它们，重力作用必然会造成它们如同雨滴、雪花一样在空气中下降，不过下降的速度很慢，由于同时伴随着蒸发、升华等过程，它们在沉降中将转变为气态而消失。空气中悬浮的其他杂质也一样，只要空气静稳，它们都会在一定时间内下降到地面，只是缓慢而已，如沙尘、霾粒等质粒。

🐚 相态转变与热量

物质从一种相态转变为另一种相态的过程称为相变，相变过程本质上是物质分子结构布局的转变。同样多的物质，在不同相态（气态、液态、固态）所拥有的内能不同，在相态转变过程中必然伴有热量的进出。水的相变共包括六个基本物理过程。其中，蒸发、溶解、升华为吸热过程，凝结、冻结、凝华为放热过程。

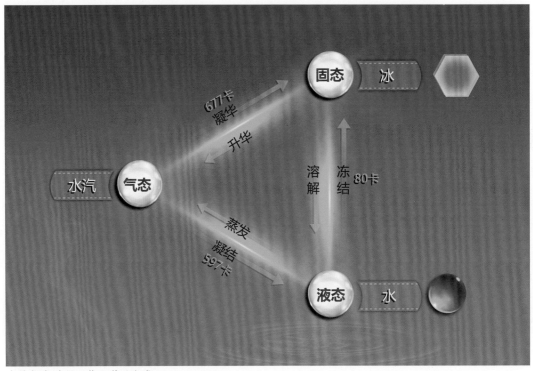

水的相变过程　戴云伟/合成

标准大气压下，0℃时，1克水汽凝结为同温度下液态的水要放出 597 卡热量，凝华为同温度下固态的冰要放出 677 卡热量；1 克液态水冻结为同温度下固态的冰要放出 80 卡热量。同样，蒸发、升华、溶解过程也会相应吸收同等的热量。

云的形成过程是气态水汽转化为液态水滴或固态冰晶的过程，因此，云的形成过程必然伴随着潜在热量的释放。

大气成分

　　地球大气统称为空气，它是由多种成分混合组成，主要是氮气、氧气。其他气体成分还有水汽、一氧化碳、二氧化硫、臭氧、二氧化碳、一氧化二氮等。目前气候关注的热点问题是二氧化碳浓度的变化，自 1750 年工业革命以来，大气中二氧化碳浓度一直呈增加趋势，突破了 40 多万年以来的振荡区间，影响了大气层的辐射平衡，导致全球气候变暖，同时也会影响全球云量的分布，进而产生一系列气候问题。

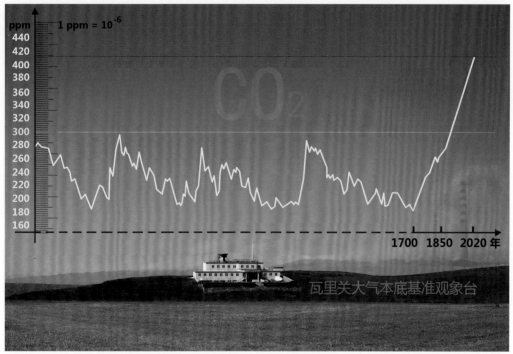

40 多万年以来大气中二氧化碳（CO₂）浓度随时间的变化　戴云伟 / 合成

　　另外，大气中还悬浮着水滴（如云滴、雾滴）、冰晶和其他固体微粒（如尘埃、烟粒、花粉、盐粒），常称它们为气溶胶质粒。本书称水滴、冰晶之外的气溶胶质粒为杂质。表面上看，云是水滴、冰晶群聚而成，而这些水滴、冰晶的形成又离不开其他杂质来充当凝结核、冻结核、凝华核。

🍃 云之核

云中有个小秘密，幕后需要杂质发挥"核心"的凝聚作用。如果没有杂质的参与，形成水滴、冰晶的条件将会异常苛刻。研究表明，在纯净的空气里，即使相对湿度达到300% ～ 400%的过饱和状态，水汽也不会凝结；而在有杂质的水汽里，一旦相对湿度达到100%的饱和状态，水汽就开始以这些质粒为核，凝结为水滴。

云中的水滴、冰晶与杂质核　戴云伟/绘

杂质核可以对自由运动的水分子产生一定的吸引力而导致凝结、凝华、冻结等过程变得相对容易。因此，组成云的每个水滴或冰晶的中心都至少有一粒杂质作为核心。从这个角度来看，云、雾、雨、雪、冰雹等都不像我们想象中那样"纯洁"。

凝结核 凝华核 冻结核

根据这些杂质在凝结、凝华、冻结等过程中所发挥的特性和作用，分别称之为凝结核、凝华核、冻结核。

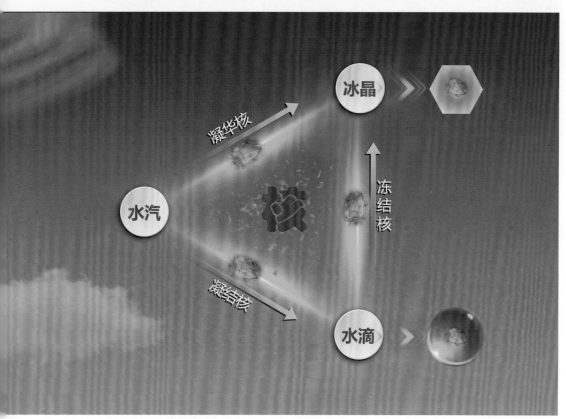

云之核　戴云伟 / 合成

凝华核：水汽凝华为冰晶时作为凝华核心的质粒。

凝结核：在凝结过程中能起凝结核心作用的悬浮杂质。这些杂质是否能发挥作用，与这些核的大小、亲水特性等有关。自然形成云雨的过程中并不缺乏凝结核，只是不同区域上空凝结核的多少有差异而已。灰尘、盐粒、烟粒等都是最好的凝结核。

冻结核：能使过冷却水在其上冻结生成冰晶的水中杂质粒子。如果过冷却水滴组成的云层中缺乏冻结核，会阻碍云滴增长为可降落的雪花。

大气层基本知识

031

🌀 难以冻结的水滴——过冷却水

云中水滴的形状特别简单，在表面张力的作用下，表现为大小不一的圆球状，平均直径为 20 微米。特别之处就在于这些悬浮在空中的水滴难以像普通水那样，在环境气温低于 0℃时就冻结。这些小水滴十分耐冻，即便气温在零下几十摄氏度依然保持着液态。实验室里也可观察到 −40℃ 仍不结冰的过冷却水。这些小水滴被称为过冷却水滴，这种液态极不稳定，如果其中出现冻结核就会迅速冻结为冰晶，这些冰晶又不断从周围水滴争夺水汽，一方面加速周围水滴蒸发，另一方面加速冰晶凝华水汽而成长，这就是冰晶增长的贝吉龙过程，直至长成大个头的雪晶从云中坠落。

雪山之上过冷却水滴组成的云　张欢/摄

图中的积云十分密实白亮，云体处于低于 0℃的环境，由过冷却水滴组成。

🐚 人工影响云雨

根据云层的温度特征，将云分为暖云和冷云。温度高于0℃的云称为暖云，由小水滴组成；温度低于0℃的云称为冷云，由过冷却水滴、冰晶组成。暖云增雨作业主要是往云层中播撒吸湿性核，以增大云滴，达到增雨目的。冷云增雨作业是我国北方大部普遍采取的方式。

火箭播撒碘化银　戴云伟/合成

大气中一般不缺乏可以作为凝结核的杂质，但是冷云中有时会缺少冻结核。如果冷云上方的卷云、卷层云、卷积云等中有足够多的冰晶可以降落到冷云中，导致过冷却水滴冻结并能增长形成可降落的雪花，那么就没有必要进行人工干预；反之，如果没有冰晶或冰晶过少降落到冷云中，可以向冷云中播撒碘化银来充当冻结核，或撒入干冰通过降温作用促进冻结核活化，来帮助过冷却水滴冻结、增长并降落，达到增雨（雪）的目的。

云中水滴与冰晶

　　云是气态的水汽通过凝结、冻结和凝华过程所形成的液态水滴或（和）固态冰晶聚集而成。水汽通过在凝结核上凝结形成小水滴并不断长大，体积越大曲率越小，就越不利于水汽的凝结增长。水滴平均直径约为20微米。最小的水滴究竟有多大，科学上还没有清晰的界定，最近的科学研究表明最小的水滴至少由21个水分子组成，因为只有这样的水滴才能体现出明显的液体特性。

　　水汽通过凝结过程形成云中的水滴后，在适当的温度下，再通过冻结过程转变为固态的冰晶。环境的水汽还可以在冰晶上进行凝华，使得冰晶体积不断增大。但是，云中的这些水滴、冰晶想要继续成长为雨滴、雪花而降落到地面，还需要其他的成长途径，如碰并、粘连等。

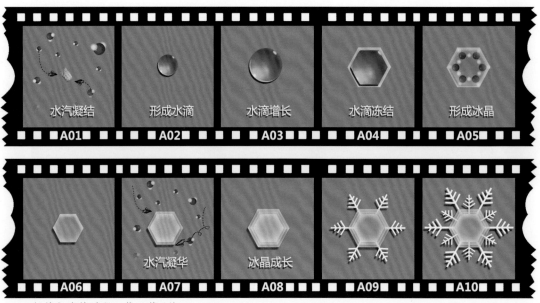

凝结与冻结过程　戴云伟/绘

034

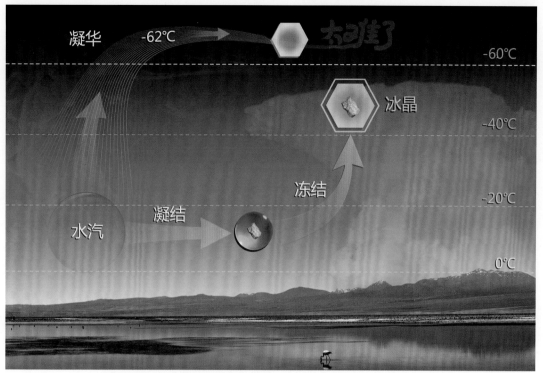

凝华 -62℃

-60℃

冰晶

-40℃

冻结

-20℃

水汽 凝结

0℃

云中冰晶产生过程　戴云伟 / 合成

　　理论上，冰晶既可以由水汽通过凝华过程直接生成，也可以由液态水滴通过冻结过程生成。但在自然条件下，云中的冰晶最初主要是通过水滴的冻结而诞生的。

　　空气中水汽的凝华过程需要在极低的环境气温条件下发生，理论计算表明，只有当气温低于 –62℃ 时，无杂质的湿空气中才会有少量冰晶通过直接凝华而形成，自然条件下几乎不可能存在这样的环境条件。出现在对流层的云中的冰晶主要是先通过水汽凝结为水滴，然后水滴再被冻结为冰晶，当气温低于 –40℃ 时云中的水滴就已经全部冻结为冰晶了。有了冻结而来的冰晶作为母体，水汽再在这些冰晶上凝华就容易了。凝华过程主要体现在冰晶体积的增长上。细心的读者不难发现，上图中的两片冰晶中，有一片内部含有杂质为核。

🎐 冰晶形状的成因

云中的冰晶多种多样，在此基础上形成的雪花也是千姿百态。我们看到的雪花以及实验室里观察到的冰晶形状多以六角形、六棱柱等为基本特征。决定这些冰晶形状的因素主要是水分子结构、冰晶的曲率、环境温度与湿度等。

冰晶的形状　戴云伟／绘

水分子结构决定了冰晶的最基本架构。单个水分子中两个氢原子间的夹角为 104.45°，当结成冰晶时，分子间相互作用，氢原子间形成夹角 120° 的六边形结构。这是冰晶进一步形成雪花时的基础结构。因此，云中的冰晶以及雪花形状以六角、六棱等为特征就不奇怪了。

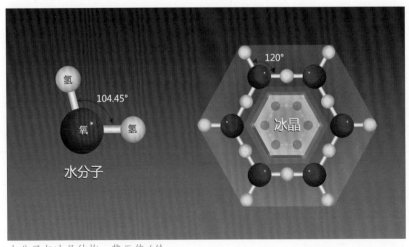

水分子与冰晶结构　戴云伟／绘

曲率决定了冰晶成长的方向。水汽分子在冰晶上凝华时，会倾向于选择曲率大的位置，越尖的地方越易于结晶。这样的倾向性导致冰晶局部向针状发展。这与电荷在物体表面的分布有些类似，分子在冰晶上凝华时也是喜好尖端。

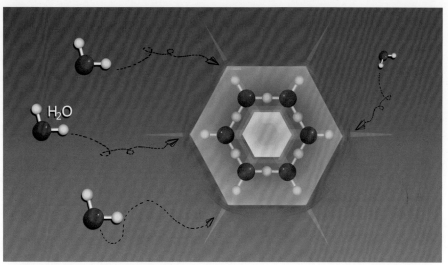

冰晶的尖端增长　戴云伟/绘

环境温度与湿度影响着冰晶的形状。试验数据表明，不同的温度、过饱和度，会倾向于不同形状的冰晶形成。另外，冰晶的形状也受释放热量的影响，对于每一片冰晶来说，这些热量看似微不足道，却会改变冰晶的结构，使得所形成的冰晶形状总是朝着有利于散热的方向成长。

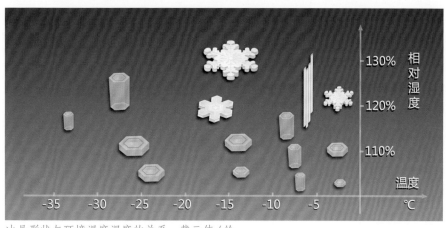

冰晶形状与环境温度湿度的关系　戴云伟/绘

云的形成

从物理上来说，云是水汽在空中凝结、冻结、凝华产生的现象。这与水汽在地表物体上形成露珠、霜、雾凇等现象的机理十分类似，都是从气态相变为液态、固态的过程。

露珠是水汽附着在地表物体上凝结而成的，而天空中的水汽则是以悬浮的杂质颗粒作为附着物来进行凝结、冻结、凝华，最后形成直径几十微米的液态水滴或固态冰晶。如此小的水滴、冰晶会像浮尘那样被气流悬浮在空中，当它们聚集到一定的浓度，就是我们看到的云了。

水汽在植物上凝结成的露珠　戴云伟/摄

水汽的成云之路

云的形成过程简单来说就是水的相态转变过程，即从气态水汽转变为液态水滴或固态冰晶的过程。但若要具体的数学物理方程来描述并计算却又是那么复杂，以至于今天的数值技术也没有找到一个十分严谨的方法来描述这一形成过程。地表、大气、云是影响大气运动能量的因子，而云又是其中最重要的因子。

湿空气中的水汽变成云需要经历两个关键阶段，一是水汽趋向饱和的过程；二是饱和后的水汽以杂质为核心的凝结、冻结、凝华等过程。

水汽的成云之路　戴云伟/合成

云的形成

湿空气趋向饱和的途径

　　相对湿度公式反映了相对湿度的本质，但是湿空气如何走向饱和，具体还要通过温、压、湿、风这些基本要素的变化来体现。本书总结出湿空气走向饱和的五条基本途径，即冷暖混合、直接增湿、直接降温、直接降压、上升运动。在这些途径背后又夹杂着这些因素的间接变化途径，包括地形作用，最后也都是通过这五条基本途径来实现饱和。云的形成大多是各种途径的综合反映。

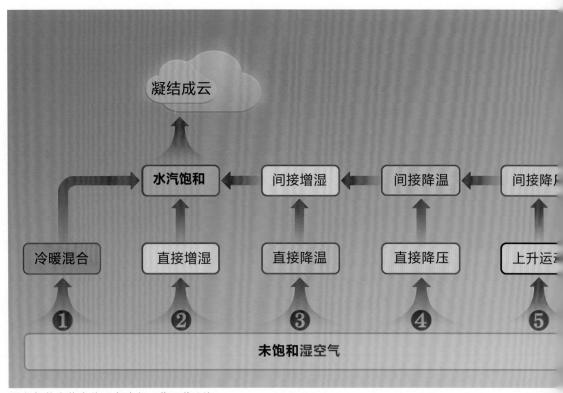

湿空气趋向饱和的五条途径　戴云伟/绘

🐚 冷暖混合作用

两个接近饱和但未饱和的冷暖气块相互混合后，可以达到饱和状态，水汽就可以凝结为云雾。锋面附近经常出现这种冷暖空气混合而形成的层云、雾。

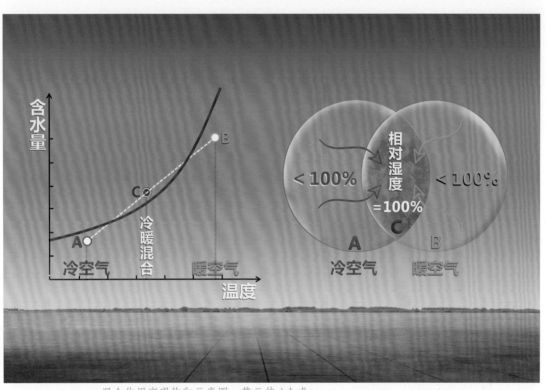

混合作用实现饱和示意图　戴云伟 / 合成

空气容纳水汽的能力与温度有关，温度越高，容纳水汽的潜在能力越强，但是它们之间的这种变化却不是正比的直线关系。如图中红色的曲线，表示了不同温度下湿空气饱和时所能容纳的含水量。冷空气 A 和暖空气 B 都位于红线的下方，说明 A、B 两气块的湿度都没有达到饱和。但是混合后的气块 C 就可能位于红线上方了，即混合气块内会有水汽达到饱和并开始凝结为水滴。

🌀 增湿作用

直接增湿：根据相对湿度公式，直接往空气内增加水汽，相对湿度会不断加大，直至饱和。当大气在逆温层的控制下时，其下的空气层就如同一个密闭容器，随着江河湖面的不断蒸发，其上空的水汽浓度不断增加，不久就会饱和而生成雾；如果这些雾被气流抬升就会形成层云。航迹云也是在即将饱和的湿空气中增加了发动机排出的水汽，然后饱和凝结形成。单一通过直接增湿而达到饱和形成的云不是很多，增湿过程多是其他趋向饱和途径的补充。

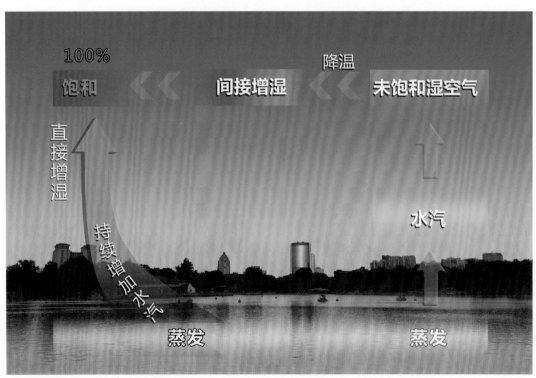

通往饱和的途径 戴云伟 / 合成

间接增湿：根据相对湿度公式，降低空气容纳水汽能力也可以提高相对湿度，直至相对湿度达到 100% 而饱和，这就是间接增加空气湿度的方法。降温、降压以及上升运动等途径都会导致空气容纳水汽的能力下降，最后表现出来的都是间接增湿作用。

🐚 降温作用

温度可以改变空气容纳水汽的最大能力。在空气中水汽绝对含量不变的情况下，温度下降，空气容纳水滴的能力减小，相对湿度增大，未饱和湿空气可以因降温而达到饱和。降温又可分为直接降温和间接降温。直接降温即直接对湿空气进行冷却，大气中多是以辐射的形式进行。

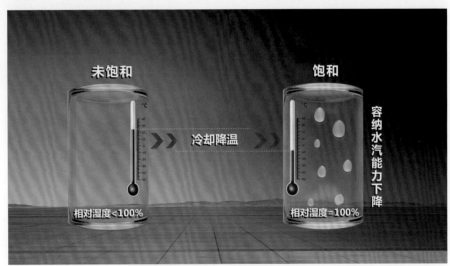

冷却降温对湿度的影响　戴云伟／合成

电吹风就是根据改变温度可以改变相对湿度的原理对空气进行加热，提高温度，降低相对湿度，使得出风口出的空气变得干燥。另外，湿空气也可因降压或上升运动导致的间接降温而趋向饱和。

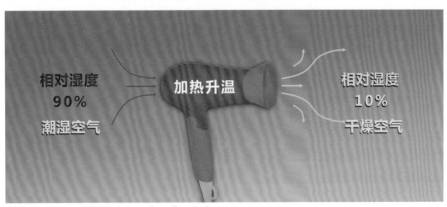

电吹风对相对湿度的改变　戴云伟／合成

🌀 降压作用

气压可以影响相对湿度的例子并不多见，但是在高压锅喷口处的水雾，以及爆米花机开锅时喷出的水雾，其形成都是降压发挥了主要作用。

涡旋中的气块膨胀　戴云伟/合成

一定质量的静止大气由气压（P）、密度（ρ）、温度（T）、气体常数（R）维持着平衡状态，即状态方程 $P=\rho RT$。当气压降低时，气体的体积就会膨胀，由此导致气温下降，空气容纳水汽的能力也随之降低，湿空气很快达到饱和。龙卷云是最典型的例子，外围湿空气被裹挟到涡旋低压中心后产生膨胀降温的冷却效应，导致龙卷云的形成。飞机尾翼后部的尾涡云也是降压成云的典型例子。另外，由于地球重力作用所形成的大气层，气压上部低、下部高。空气做上升运动时会因气压下降而体积膨胀，从而产生降温，导致上升的湿空气饱和。上升运动是导致湿空气趋向饱和而形成云的最主要途径。

🐚 上升运动

观测和理论计算都表明，大气层的气压随高度而下降。对于干空气，每上升 1000 米，气块通常会因膨胀而降温 9.8℃，而每下降 1000 米，气块会因被压缩而升温 9.8℃。湿空气的变化相对小一些，为 6.5～9.8℃。气块上升，气温下降，自身容纳水汽的能力也随之下降，当上升到达一定高度后，相对湿度达到 100% 而饱和，再继续上升就可形成云和降水。

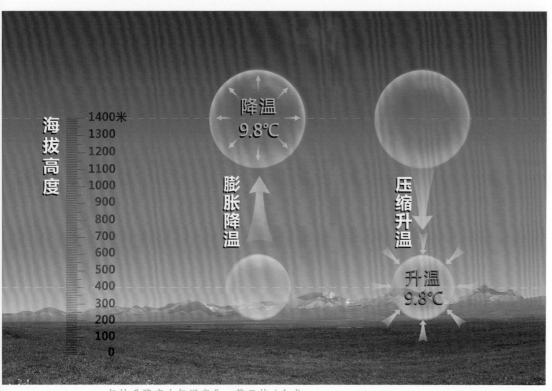

气块升降产生气温变化　戴云伟 / 合成

越山气流下坡时，气温会在短时间内急剧上升，同时变得十分干燥。在冷空气主体到达前，太行山东麓的下沉气流常常使山坡下的平原一带有 5～10℃的短暂升温。例如 2018 年 4 月 2 日，河北武安 00 时 25 分气温为 17.8℃，而到了 00 时 40 分气温急升到了 23.2℃。

上升运动根据速度可分为缓慢型上升运动和急剧型上升运动。

缓慢型上升运动：这种运动的上升速度较小，可以说是"慢性子"，一般为 1 ～ 50 厘米 / 秒，但水平范围较大，可达成百上千千米，分布比较均匀，如同一块大大的木板保持着水平而缓慢抬升一样。湿空气上升因降压、降温过程而达到饱和后，水汽就开始凝结为云，同时释放出热量，但因上升速度缓慢，热量会很快扩散到周围环境大气中，无法助力上升运动。

锋面、气旋、高空槽、切变线等大型天气系统过境时所产生的上升运动主要就是这种缓慢型上升运动。

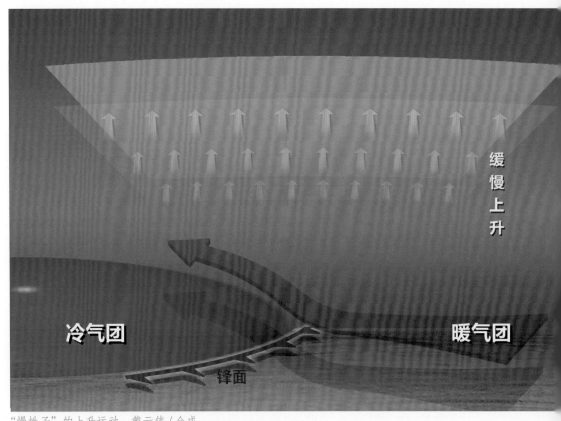

"慢性子"的上升运动　戴云伟 / 合成

急剧型上升运动：这种上升运动属于"急脾气"，即常说的对流运动，上升速度最快可达几十米每秒。当有云生成时，水汽凝结所释放的热量来不及向环境扩散，导致云体内空气密度变小而受到额外的浮力，让本已处于上升运动的空气再因热量助力而加速向上运动，同时从下部抽吸到云体内的湿空气再凝结放热，这个过程类似链式反应，导致上升运动不断加强。当上升运动强度、范围到达一定程度，还可以形成涡旋，如超级单体雷暴。

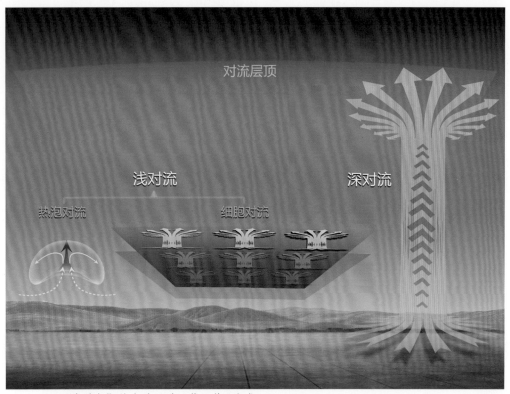

"急脾气"的上升运动　戴云伟/合成

对流运动分为深对流和浅对流，浅对流又包括细胞对流和热泡对流。另外，大气中还有小尺度的重力波动，因其产生的上升运动和细胞对流相差不大，本书也将重力波动中的上升运动归为急剧型的上升运动来介绍。

🌀 浅对流——热泡对流

烧水时，壶底受热会不断冒出气泡。同样，地表空气受热后也会产生类似的热泡向上浮动，只是我们无法直接看到而已。在受到同等太阳辐射的情况下，不同性质的下垫面升温幅度不同。升温较快的地表最先产生热泡，如山区的山头。与烧水壶里的气泡不同，这种热泡在浮起的同时内部还会伴随着对流运动。在较大热泡的尾流里，气压较低，温度较高，有利于后继热泡的尾随上升，也有利于几个热泡合并成更大的热泡。另外，这些热泡可能随时破裂并融入环境空气中。这也是热泡与其他对流不同的地方，它一边上浮一边内部发生着对流，不像其他对流发生在上下边界确定的高度内。

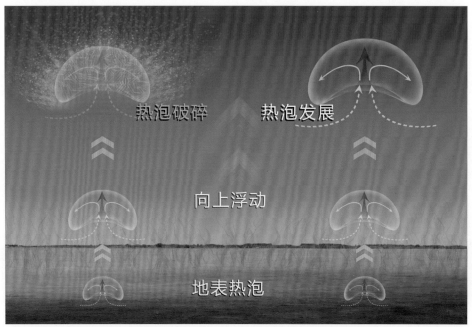

热泡对流示意图　戴云伟 / 合成

热泡的尺度可从几米到几百米，大小不一。当热泡上浮超过凝结高度时，其中的水汽饱和后发生凝结，释放的热量会进一步加剧热泡内的对流。热泡对流是淡积云的主要形成机制。

🐚 浅对流——细胞对流

《大气科学辞典》中这样定义，浅对流又称细胞对流或贝纳对流，是一种有明显组织的、常呈细胞状分布的流体对流运动。

某一高度的薄层大气内，当上部过冷或下部过热时，层内大气就变得不稳定，在随机扰动激发后，会出现一个个类似细胞结构排列的对流。对流层中的浅对流可以由上层辐射冷却或冷空气平流覆盖所导致，也有可能是下部异常加热或暖空气平流铺垫导致垂直温差过大引起。

细胞对流示意图　戴云伟/合成

深对流

深对流是指在低空发生的可以伸展到对流层中部以上的对流运动，常可以形成浓积云、积雨云。当大气层蓄积了很多不稳定能量时，受到某种原因触发，其中不稳定能量就如同燃料燃烧一样快速释放出大量热量（主要是水汽凝结释放的潜热）形成对流运动。这种上升运动往往十分激烈，10 米 / 秒的速度十分常见，有时可达 60 米 / 秒。

另外，这种深对流运动还会在大气中激发出重力波、孤立波以及龙卷涡旋等更复杂的运动形式，形成各种奇云。

深对流示意图　戴云伟 / 合成

波动中的上升运动

大气中与云的形成有关的重力波的起因主要有两种，一是大气本身，二是地形。

我们经常看到风引起湖面的波澜。其实在大气中，当上下层风速相差很大时，例如上层风较大、下层风较小，也会在风中泛起类似于湖面波澜的重力波动。波峰处为上升运动，波谷处为下沉运动，专业上称这种上下层风的差异为垂直风切变。另外，当平稳气流越过山脉时，也会在下游激发出重力波动。重力波动中的上升速度与浅对流的近似。因此，因重力波形成的云，名字中都有一个"积"字，算作一种特殊的积状云。

气流中隐形的波动

垂直风切变"搓"出来的波动　戴云伟 / 合成

🐚 湍流运动

前面介绍的上升运动都属于有规则的流动，流体力学中称为层流。另外还有一种更复杂的无规则的流动，它在某些云的形成中发挥着关键作用，这就是湍流，也称乱流。在江河堤坝设计中，总会尽量让泄洪口流出的是湍流，以减少有规律层流下泄对堤坝底部的冲毁。

大气层 85 千米高度以下的大气运动中都掺有不同程度的湍流，但是地表以上 1.0～1.5 千米，由于地表加热、摩擦、垂直风切变等因素的影响，湍流格外明显，这一层大气被定义为边界层。积云、积雨云等积状云的内部也伴随着湍流。湍流可以影响光的散射，据此原理设计的风廓线雷达可探测大气各个高度层流的风向与风速。特别是在积雨云发生之前约半小时，通过风廓线雷达可监测到大气中的湍流明显加强，这是发布强对流天气预警的重要依据。

水坝泄洪口处的湍流　视觉中国

湍流在水平方向上的表现是让物质和能量分布更加均匀，但是在垂直方向上的表现是温差加大，即上部降温、下部升温。湍流层上部的降温作用，又导致其上更高层次形成逆温，即湍流逆温。

平稳气流层

逆温层

湍流层

边界层湍流与逆温层　戴云伟/合成

　　湍流会加剧地表水汽向上输送，上行的水汽在逆温层下受阻，使得该层水汽含量不断增加，另外，辐射冷却也会导致空气容纳水汽的能力下降。这让湍流层上部容易出现水汽饱和。

　　为了展示湍流的直观形象，上图用一个个大小不一的涡旋来表述未必贴切，但是，面对这样的一种混乱运动也只能如此示意了，因为的确没有更为贴切的方法来描绘这种混乱运动。至今，湍流问题仍是大气科学中的"拦路虎"，大多还是采用一种经验理论来近似解决。

各类云的形成

　　大道至简，面对复杂多样的3族10属29类云，我们不妨从云的名字中所蕴含的意义来理解云的最基本成因。为方便读者记忆识别云的名字，作者在《观云识云》一书中，总结出了五字秘诀——卷高层积雨，每种云的名字中都至少有"卷层积"这三个字中的一个，来表达某种特定意义。"卷"表示由冰晶组成的云；"层"表示云体颜色、外形均匀呈层状；"积"表示堆积，描述了云体颜色、外形不均，疙疙瘩瘩，有堆积的浓烟状。

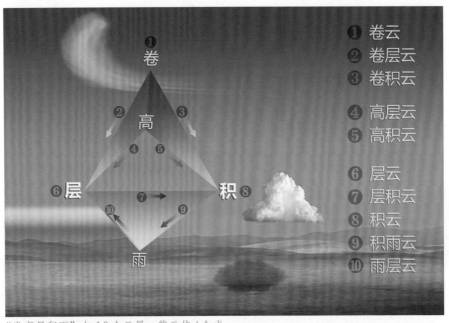

"卷高层积雨"与10个云属　戴云伟／合成

　　进一步分析发现，除卷云外，其他9个云属及28类云的名字中都至少有一个"积"或"层"字。卷云的名字中不含"积"字，是因为它由冰晶组成，易被风吹成丝缕状，外形上与中低空出现的由水滴组成的积状云有些区别，但本质上它还是属于积状云。综上，从云的名字就可归纳出云的两大最基本成因：一是成层，二是堆积。

"层"和"积"标识了云的两类最基本特征,每一类云的名字中都至少含有其中一个特征字来标识("卷"是"积"的一种特殊形式)。

层积组合状 层积云 高积云 卷积云

积状 积云 积雨云 卷云

层状 层云 雨层云 高层云 卷层云

云的两大基本属性　戴云伟 / 合成

水汽凝结为云时所释放的热量能否助力上升运动是决定云体呈层状或积状的根本原因。若热量不能助力,则为层状云;若形成助力,则为积状云;若形成层状云后又有热量来助力,就会形成兼具两种特征的层积组合状云,如层积云、高积云和卷积云。

云的形成过程中会伴随着热量的释放。例如，在常压下，0℃时1克水汽凝结为液态水时可释放出597卡热量。这种热量释放过程如同物质的燃烧过程，只不过水汽凝结为液态水是物理过程放热，而燃烧是化学过程放热。一朵积云就如同一个燃烧炉，凝结所释放的热量是十分惊人的。我们不妨粗略对比一下：水汽凝结为一瓶500克装的矿泉水，大约会放出298500卡热量，相当于100克柴草燃烧所释放的热量。

水汽凝结为云的放热过程　戴云伟/合成

辐射冷却或成百上千千米范围的上升运动形成云的过程都相对缓慢，所释放的热量有足够的时间扩散到周围大气中，因此形成的云为层状。当大气垂直结构不稳定时，云的形成非常迅速，所释放的热量来不及向环境扩散，导致对流运动，便形成积状的云。

🍥 层云

关键字词：低云、层、逆温层、湍流、辐射冷却

　　层云形成于大气层稳定或存在逆温层（湍流以及辐射冷却都可形成逆温层）的条件下。低空的逆温层拦截了上行的水汽，使得层内相对湿度不断加大，水汽饱和后就可凝结形成层云；夜间的辐射冷却作用导致空气容纳水汽能力降低也是形成层云的重要原因。

　　另外，层云也可以由雾的抬升形成，或由层积云演变而来。层云形成后，因辐射散热造成上部过冷，云体内还可以再发生细胞对流，可进一步发展为层积云。

层云成因示意图　戴云伟／合成

辐射冷却

层云

湍流

层云　赵勇/摄

夜间和早晨是一天当中最易形成层云的时段，日出之后会逐渐消失。

由雾抬升形成的层云　戴云伟/合成

雾和层云多形成于低空大气层结稳定的条件下。当雾受到抬升作用离开地面后就变成了层云。

🌀 层积云

关键字词:低云、层、积、细胞对流、重力波、稳定性

层积云是地球大气中出现最多的一类云,发生在低空的浅层大气内,由细胞对流或重力波的上升运动造成水汽凝结而形成。以"蔽透荚堡积"为特征标识字,可细分为蔽光层积云、透光层积云、荚状层积云、堡状层积云、积云性层积云。

细胞对流形成的层积云　戴云伟/合成

各类层积云中,由细胞对流形成的层积云较为常见。在几十米到几百米厚的浅层内,当下部过于暖湿或上部过于干冷时,层内的不稳定能量蓄积到一定程度就会发生一个个呈细胞状分布的对流,水汽随上升气流而凝结形成一朵朵块状分布的透光层积云。如果底层水汽供应充沛,加之其上部逆温层的抑制作用,这些云朵就只能水平向发展,最后挤满缝隙,密集排列并遮蔽天空,形成蔽光层积云。

蔽光层积云　视觉中国

　　当水汽湿度层较厚时，条状、块状彼此拥挤，遮天蔽日，也有可能带来弱降雨。

蔽光层积云的上部特征　戴云伟／摄

　　从飞机或高大山峰居高临下可以看到蔽光层积云的上部特征，积状的凸起没有浓积云那么明显。

波状的透光层积云　视觉中国

　　垂直风切变在大气中"搓"出重力波，波峰处气流上升、水汽凝结成云，波谷处气流下沉、没有云，于是呈现出一条条的层积云。

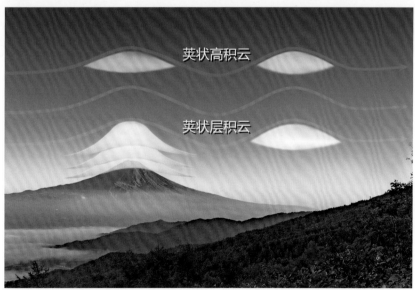

荚状层积云成因示意图　戴云伟／合成

　　越山气流受到地形扰动所形成的重力波，也会在波峰处形成荚状层积云。

逆温层

堡状层积云成因示意图　戴云伟／合成

　　层积云中预兆意义较大的是堡状层积云。逆温层一方面抑制了层积云向上发展，另一方面又像盖子一样盖住了其下大气层；近地面空气过于暖湿时，就会蓄积不稳定能量。当有扰动（重力波动或地表热泡）造成这些不稳定能量的局部释放时，层积云上就会发展出一朵朵浓积云，演变为堡状层积云。

　　堡状高积云成因与此类似，只是高度更高一些。它们的出现都预兆着大气稳定度有些变差，可能会发展出积雨云。

堡状层积云　视觉中国

　　一般出现在条状的层积云上，其上层一般都有逆温层。早晨出现的堡状层积云最具有预兆意义。

堡状层积云　赵勇／摄

　　南极地区的气温较低，堡状层积云中多以过冷却水滴为主。

❧ 积云

关键字词：低云、积、热泡、凝结高度、层结不稳定

积云包括淡积云、浓积云和碎积云。地表吸收太阳辐射后，对近地表大气产生加热作用，会形成很多看不到的热泡腾空而起。在上升过程中随着环境气压的下降，热泡的体积会不断膨胀，进而导致其内部温度下降、相对湿度变大；当上升到一定高度，即凝结高度后，热泡内的水汽会达到饱和而凝结为云。

水汽凝结时放出的热量又会加剧垂直对流，使云体上部不断隆起，形成淡积云。如果大气层结不稳定，淡积云就可不断发展，云底的上升气流区也不断向下伸展吸纳更多的暖湿气流进入云体，当发展为高大的浓积云时就会在地面掀起猛烈的阵风。

热泡上升发展出积云　戴云伟/合成

淡积云 张欢/摄

　　天气系统过境后，天空能见度好，强烈的太阳辐射会让地表产生很多热泡。所形成的淡积云多预示着天气晴好，因此淡积云又称晴天积云。

浓积云 视觉中国

　　当大气存在一定厚度的不稳定温湿结构时，热泡对流还会触发这些不稳定能量的释放，形成具有一定规模的深对流，并发展出浓积云。

🐚 积雨云

关键字词：低云、积、层结不稳定、深对流、大风、雷暴

当大气低空过于暖湿时，浓积云就会依靠水汽凝结时所释放出的热量继续发展，云体垂直发展几乎达到对流层顶，这样就形成了积雨云。

积云发展为积雨云过程示意图　戴云伟 / 合成

1961 年 7 月 21 日，气象雷达追踪记录了一次淡积云、浓积云、积雨云的发展演变过程。09 时张家口有淡积云生成，并随着西北风向东南方移动。10 时已经发展出浓积云并向怀来方向移动，移动中开始发展出积雨云，12 时在北京已经可以观测到其西北方位有积雨云移来。这次云的发展自 09 时开始，直到 17 时才结束。这在当时是一个很有意义的观测事实。

积雨云　视觉中国

云体上部多处在冻结高度之上，云中水滴被冻结为冰晶，白亮，呈现丝缕状，下部由水滴聚集而成。

积雨云　赵勇／摄

积雨云内除了有规律的垂直运动外，还伴随着混乱的湍流。当湍流占据主导地位时，积雨云就进入了衰退阶段。

闪电是大气中的放电现象，是积雨云最常伴随的现象。闪电壮观且引人注目，但也是危及生命安全的一种自然灾害。

正极

云顶正电

云底负电

负极

感应电荷

积雨云的电极　戴云伟／合成

旺盛的积雨云如同一台发电机，强对流运动可以造成云中正负电荷的分离，较轻的冰晶趋向带正电荷，较重的霰粒趋向带负电荷。通常云体的顶部聚集带正电的冰晶，故为正极，底部较多较大的霰粒因带负电荷而成负极。受云体底部密集电荷的影响，其下的地表会感应出相反的电荷。这样在云体的不同部位之间、云体与地表之间就形成了电场。当电场达到一定强度后就会产生放电现象，即闪电；放电的同时因击穿空气而发生爆炸，产生的冲击波即雷声。强盛的积雨云还可导致云体与电离层之间放电，在更高的高度形成闪电幽灵，有的呈蓝色，有的呈红色。

闪电　视觉中国

　　避雷针是美国科学家富兰克林发明的。在被保护物顶端安装一根接闪器，用导线与埋在地下的泄流地网连接起来，就可避免雷击。

闪电　视觉中国

　　遇到积雨云时，要注意做好防雷击的措施。对流越激烈，闪电就越多。

🌀 雨层云

关键字词：低云、层、层结稳定、缓慢抬升、水汽充足、雨雪

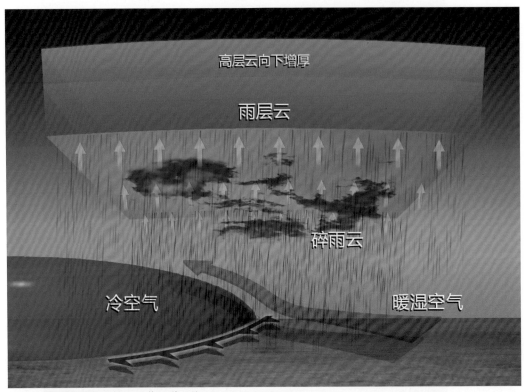

冷暖空气相遇形成雨层云　戴云伟/绘

从字面上不难理解，雨层云即伴有降雨或降雪的层状云。雨层云是大型天气系统过境时所形成的，如锋面、热带气旋、温带气旋等。这时的上升运动十分缓慢。湿空气缓慢上升后，因高度上升气压下降，到达一定高度后，湿空气就饱和而凝结形成高层云，当水汽供应充足，云层越来越厚，云底越来越低，并出现降水，就形成了雨层云。因大气层结稳定，水汽凝结速度缓慢，所释放的热量很快扩散到周围环境中，因此云体为层状。

雨层云产生的雨滴，在下降过程中会不断蒸发，导致环境水汽再度饱和，水汽会再凝结形成碎雨云。

雨层云　戴云伟/摄

天空越阴暗，说明雨层云越深厚，带来的降水可能越大。

雨层云与碎雨云　视觉中国

　　雨层云下，大气湿度通常更接近饱和，容易形成碎雨云，混乱地游荡在雨层云下，让死寂沉沉的灰暗天空多了些动感。

🐚 高层云

关键字词：中云、层、层结稳定、缓慢抬升、透光、蔽光

高层云属于中云族，是天气系统在对流层中部造成的缓慢上升运动中形成的，其范围多在成百上千千米，云层覆盖全天。由于高空乱流弱，高层云看上去更加均匀，视野中的整个天空几乎呈清一色的灰暗。有时底部会有些碎层云。较厚的高层云可以带来弱的雨雪。如果低空水汽供应充足，高层云可以向下增厚发展为雨层云，产生明显的雨雪。根据厚度，高层云可分为透光高层云和蔽光高层云。通常，随着天气系统的移入，先出现透光高层云，然后增厚为蔽光高层云，如果继续增厚可发展为雨层云。

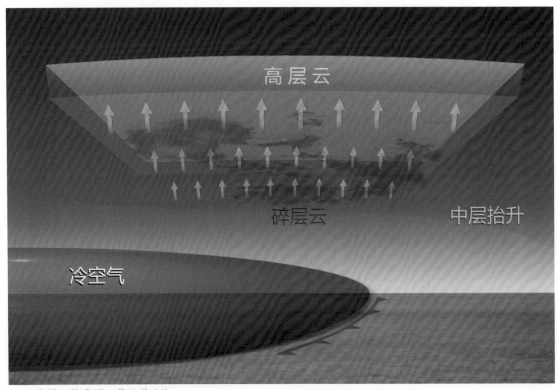

高层云的成因　戴云伟／绘

透光高层云　戴云伟/摄

　　透光高层云通常是变天的最直接信号，意味着大范围缓慢的上升运动已经到达本地上空。

蔽光高层云　戴云伟/摄

　　随着天气系统降水区的靠近，透光高层云会很快加厚为蔽光高层云，之后天空飘下了蒙蒙细雨。

🍂 高积云

关键字词：中云、细胞对流、重力波、蔽透荚堡积絮

　　高积云的成因大致与层积云类似，多呈条状、块状、波状，只是形成于更高的气层之间。它由细胞状对流或重力波中的上升运动形成。细胞对流由对流层中部浅层内的层结不稳定引起，重力波是由垂直风速差异"搓"出来的，有的越山气流是被地形"颠"出来的。高积云的上部一般也会有逆温层。

重力波动

重力波动形成的高积云　戴云伟／合成

　　高积云包括以"蔽透荚堡积絮"为特征标识字的六类云：蔽光高积云、透光高积云、荚状高积云、堡状高积云、积云性高积云、絮状高积云。其中絮状高积云和堡状高积云对于天气变化的预兆意义明显，它们间接反映了中低空大气的稳定度状况。

波状的透光高积云　视觉中国

　　大气中不缺乏重力波动，如果相对湿度小，就没有足够的水汽形成云来呈现出这种波动。

波状的透光高积云　戴云伟 / 摄

　　因为高空水平气流的不均匀性，条状的波动也经常被扭曲。

"颜值"较高的高积云通常出现在天气系统后部，紧随其后的干冷下沉气流让云中水滴蒸发消失，形成清晰的边界，这种云天俗称"阴阳天"。

阴阳天　视觉中国

雨雪天气之后，常常出现这种"阴阳天"，云体的移动速度很快，通常约一个小时就会移过本地。

阴阳天　王曙东／摄

南极的空气本身就十分清洁，当锋面天气系统过境时，"阴阳天"异常抢眼。

阴阳天　戴云伟／摄

　　云体边缘的云都处于消散中，图中的云看上去像一把如意横在天际。

阴阳天　王曙东／摄

　　形成阴阳天的云多为块状的透光高积云，也有蔽光高积云。图中晴天部分还有散碎的云正在消散中。

阴阳天不是高积云的"专利"，层云、高层云、层积云、卷层云等层状云在冷空气的推动下也都可以形成这种现象。尽管我们在观云识云时经常说这些层状云会遮蔽全天，但是层状云也是有边界的，只是这种云层范围较大，多在成百上千千米，很难看到边界。当云体后边界移过本地时就可能出现"阴阳天"这种云天现象，冷空气移动速度越快越易形成，边界也越发清晰。但多数层状云的云体边界有很宽范围的碎层云、碎积云、层积云、高积云等过渡区，难以看到有清晰边界的阴阳天现象。

阴阳天（卷层云）戴云伟/摄

🌀 卷层云

关键字词： 高云、层、层结稳定、缓慢抬升、透光

卷层云与雨层云、高层云的成因十分类似，都是湿空气在缓慢上升运动中形成，其上都覆盖着逆温层，差别就在于形成的高度不同。卷层云由冰晶组成，除非很厚，一般都是透光的，常常会在太阳、月亮周围形成晕。

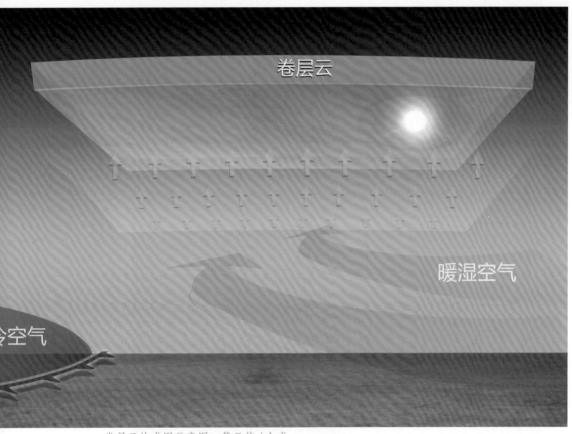

卷层云的成因示意图　戴云伟/合成

卷层云形成于天气系统上升区的上部，范围十分广泛，因为高空风大，随气流的飘移速度也快。卷层云像是"先锋官"，提前为下游地区"预告"天气系统到来，对天气变化有较为靠谱的预兆意义。

卷层云与晕　王曙东/摄

　　卷层云是日晕、月晕以及其他晕相上演的"幕布"。冰晶的形状多样，因此会形成多种不同的晕相。

卷层云与晕　赵勇/摄

　　无论是寒冷的冬季还是炎热的夏季，卷层云一直都是冰晶的世界。晕相就好像是这个冰晶世界的招牌。

🌀 卷积云

关键字词： 高云、层、不稳定、细胞对流、重力波动、涟漪

卷积云可以说是 10 个云属中最稀有的一类。由于高空风较大，卷积云很快被吹散，或转为卷层云。这类云容易与部分透光高积云混淆，我们可以通过云体的透明度来区别。冰晶组成的卷积云更加透明白亮，而由水滴组成的高积云透光性差。

重力波动

重力波动形成的卷积云　戴云伟／合成

与层积云、高积云类似，卷积云也是由细胞对流和重力波动中的上升运动形成的，因此也呈块状、波状；因为高度较高，看上去块状小、波长短，云状像微风在水面泛起的涟漪。透光高积云被抬升后，其中的水滴如果被冻结为冰晶，也可转变为卷积云。

卷积云　王曙东／摄

　　由于高空风大，这种波状的云通常难以持久维持，可以说稍纵即逝。

卷积云　赵勇／摄

　　普通山脉引起的气流波动范围并不仅限于山峰高度，还可传播到对流层的上部，形成卷积云。

☙ 卷云

关键字词：高云、积、高层对流、凝结、冻结、不稳定

卷云似乎独树一帜，名字中既没有"层"字也没有"积"字，但是从形成原因来看，它也是对流的产物，只是形成的高度更高。

卷云的成因示意图　戴云伟 / 合成

卷云形成于对流层的上部，这里水汽稀少、风速大，云体形成后会很快被风吹散而形成丝缕状。卷云形成于较复杂的对流，与低空形成积状云的对流条件略有不同，除了垂直温度差异引起的热力不稳定外，垂直风速差异所产生的动力不稳定也是影响对流的因素。

在天气系统到来前，对流层中下部会有暖湿空气流入，造成高空的稳定性变差，易发生对流。在上升运动中，水汽先凝结为水滴，然后再冻结成冰晶而形成卷云。卷云中降落的冰晶常常可以在其下方的高积云上（由过冷却水滴组成）形成云洞。

卷云特征对比　戴云伟／合成

　　卷云包括以"钩伪毛密"为标识字的钩卷云、伪卷云、毛卷云、密卷云。除伪卷云外，其他卷云常常出现在天气系统的前部。

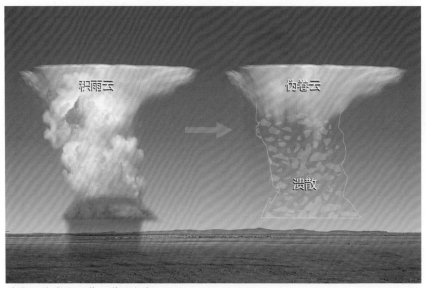

伪卷云的成因　戴云伟／合成

　　积雨云发展到鼎盛期后，其下部因湍流而溃散，仅留下上部由冰晶组成的云砧，就形成了伪卷云。在高空气流的撕拽下，云体继续变形，看上去与其他卷云相似，如不连续观察，一般很难与其他卷云区分开。

卷云为何常呈丝缕状

云主要由水滴和（或）冰晶组成，当这些细小的水滴和（或）冰晶飘离云的主体后，就会因周围湿度的降低而蒸发、升华，导致其体积变小，直至消失。

蒸发与升华的速度对比　戴云伟 / 合成

一般云的主体内相对湿度为 100%，而云体外的环境相对湿度小。飘离云体后的水滴蒸发的速度相对较快，但冰晶升华的速度却十分缓慢，以至于在气流中形成长长的丝缕状，如同河流里水草的飘逸之态。因此，卷云、卷层云常常呈现出丝缕状结构。水滴组成的云有时也可因云体下方环境湿度大，蒸发导致的消失缓慢，而在其下部形成丝缕状的云幡。

卷云　视觉中国

　　冰晶组成的卷云飘到干燥区域后升华的速度十分缓慢，因而在空中留下长长的丝带。

卷云　视觉中国

　　卷云的丝缕状结构可以呈现出所在高度的风向，根据其移动也可大致判断该高度的风速。

各类云的高度对比

　　各种类型云的发生都有特定的气象条件，其高度、厚度各有独特的特征。把它们集中在一起并与我国的几座有名的山峰做一个对比，就会对各种云出现的大概高度以及云的厚度有个清晰的认识：卷云最高，层云最低，积雨云最厚。

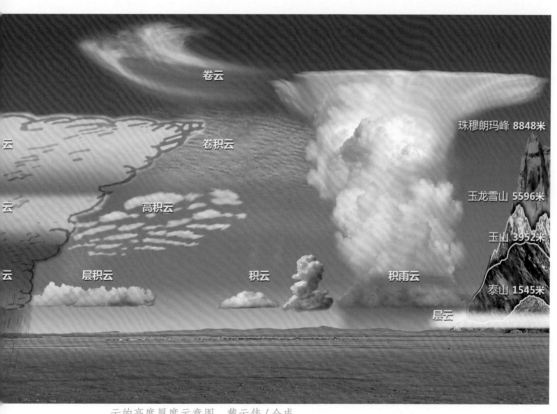

卷云

卷积云

云

高积云

云

层积云

积云

积雨云

云

珠穆朗玛峰 8848米

玉龙雪山 5596米

玉山 3952米

泰山 1545米

层云

云的高度厚度示意图　戴云伟/合成

锋面云系中的云

影响我国天气变化的天气系统主要是锋面，由来自西西伯利亚的冷空气东移南下时与沿途的暖空气"交战"所形成。每一次锋面过境都可带来一系列的云，主要有卷云、卷积云、卷层云、高层云、雨层云、层积云、高积云等，专业上也把这一系列的云叫锋面云系。其中，卷云、卷层云、高层云是基本配置。

锋面云系以层状云为主要特征。通常最先出现的为卷云，它位于锋面云系最前端，是天气变化的"先锋官""消息树"；紧接着出现卷积云、卷层云，然后天空逐渐被高层云笼罩，形成阴天，随后就可能出现带来降水的雨层云。夏季，由于大气不稳定，还可在锋面云系到来之前触发对流运动，形成积云、积雨云。

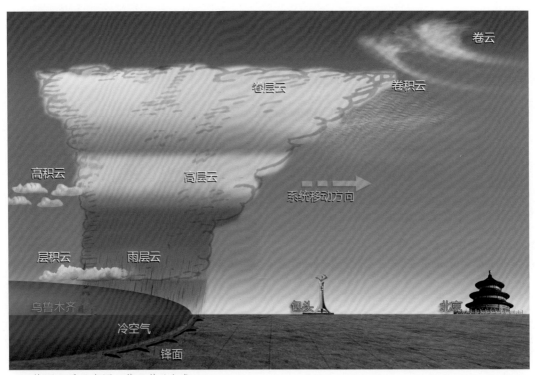

锋面云系示意图 戴云伟/合成

台风云系中的云

　　台风的水平范围半径为 500 ～ 1000 千米，而垂直厚度仅仅十几千米，因此台风的云体外形如同一张光盘，其整体外形是很扁的。

　　台风云体属于热带云系，其范围和冷暖空气形成的锋面云系范围差不多。锋面云系以层状云为主，而台风云系以积状云为主。除了积云、积雨云外，也有层状云，如雨层云、高层云、卷层云。台风外围还经常分布着很低的碎积云，也称跑马云，云高 1 ～ 2 千米。它们是由积云、积雨云破碎而形成的。当这些碎积云从海上成群涌向本地时，势如跑马，古代常用这些成群涌来的碎积云来判断台风的到来，故有谚语"跑马云，台风临"。

台风云系示意图　戴云伟 / 合成

　　云的形成大致有三种原因：一是大型天气系统过境所带来的缓慢上升运动形成的云，主要呈层状；二是大气不稳定造成的对流运动，以及重力波动形成的云，呈积状；三是地形的热力或动力作用形成的云，既有层状也有积状。

　　地形会对气流形成重力波动，前面介绍的荚状层积云和荚状高积云都是由地形动力作用形成的云；除了动力作用外，地形的热力作用也会形成各种不同的云。一天当中地形所发挥的热力作用昼夜相反，如山脉在白天发挥着热源作用，夜晚则发挥着冷源作用，因而会形成不同性质的云。

地形云　视觉中国

白天山头上的积云　戴云伟 / 合成

　　白天因太阳辐射的加热作用，相对于周围低洼处，山脉成了热源，产生热力上升运动。在水汽充足的山区，随着太阳的冉冉升起，山头上会生成一朵朵积云，太阳落山，这些积云也随之消失。

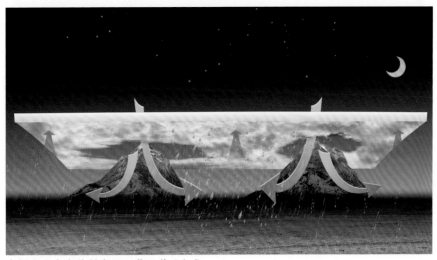

夜间山谷上方的层积云　戴云伟 / 合成

　　到了夜间，山体因辐射冷却而形成下沉运动，导致低洼处的气流辐合而上升，从而形成地形性的层积云。较厚的层积云常常会形成夜雨，这种夜雨现象在我国西南一带的盆地、山谷十分常见。

云海

　　当观察者所处高度高于层状云时，就会看到云层像大海一样，俗称云海。目前《大气科学辞典》里并未收录"云海"一词，它并不属于气象专业术语，而是一种文学性的描述。

　　观察者在海拔较高的山上或乘坐飞机时，就能居高临下观察到云海。云的具体种类与所处的海拔高度与层状云的云顶高度有关。我国各大名山所看到的有地方特色的云海多属于地形性层云或层积云，少部分属于天气系统的层积云。山的海拔越高，形成云海的云类型越多。

云海　胡啸/摄

黄山云海　胡啸／摄

日落时的云海，在夕阳的涂抹下更加富有神韵。从层积云的云海形态上也可以感受到层积云中"积"的意义。

黄山云海　胡啸／摄

云海中的条状层积云看上去如同大海里的波浪一样，后浪推着前浪，并在岸边形成浊浪排空。

泰山云海　赵勇／摄

　　泰山云海也是当地旅游的一道招牌。组成云海的多是雾、层云、层积云。

泰山云海　赵勇／摄

　　夜间，泰安的城市灯光照亮上空的层积云。所见的云海除了波澜壮阔之外，还多了一份夜色阑珊的浪漫与柔情。

玉山云海　李臺军 / 摄

　　台湾玉山的海拔较高，形成云海的可以是雾、层云、层积云，甚至是高积云、高层云。

玉山云海　李臺军 / 摄

　　在斜射的阳光下，极易形成宝光现象，观察者只需选取适当的位置，背对着阳光时方可看到。

观云的古往今昔

自古以来，气象就与人们的生活密切相关，而云又是天气变化所伴随的最直接的现象，可以说它就是天气系统的外衣，不同的云反映着不同的天气。为了预知天气变化，人们对于云的认识和理解经历了一个漫长的历史过程，人们尝试着用各种方法来预报天气，而通过观察云彩的形态变化来预报天气就是最常用的方法。随着气象预报技术的发展，观云经历了从朴素的经验预报阶段到大气科学的理论指导阶段，从人工目测观云到仪器定量观云，再发展到当今气象卫星自动观云。结合不同阶段下观云所发挥的作用，本书将观云的历史进程分为古代观云、近代观云、当代观云三个阶段来介绍。

观云历程　戴云伟 / 合成

古代观云
——基于朴素经验观云识天

从人类文明诞生开始，气象现象就一直是人们关注、崇拜、研究的对象。而云又是最具有直观感受的气象现象，古人在观察实践中不断总结云与天气气候的关系，并将经验记载下来。有些经验以气象谚语的形式流传至今，成为传统文化的一部分。此外，不同的云可以让人产生喜怒哀乐等情绪，因此云历来也是文学作品中托物言志、烘托言情的重要内容。

古代观云　戴云伟／合成

从远古时期至 19 世纪 80 年代，人们一直采取抬头看天的方式观云，不同地区也没有形成全球统一的辨识标准，气象也只是天文、地理领域的延伸，还没有发展成一门独立的学科。本书对这一历史时期的观云实践活动称为古代观云。

🌀 盘古开天　呼气成云

在世界现有的文字记载中，最早关于云的文字记载基本都是来自于神话传说。在我国，对云的最早认识来自于盘古开天的故事。相传很久很久以前，天和地并不是分开的，宇宙混沌一片。在这个混沌的宇宙之中，有个叫盘古的巨人睡了十万八千年之后突然醒来。他见周围一片漆黑，就抡起斧头，朝黑暗猛劈过去，于是就形成了天和地。后来，他累倒了，呼出的气息变成了风和云；声音化作了雷声；双眼变成了太阳和月亮；四肢变成了大地的东、西、南、北四极；他的肌肤变成了辽阔的大地；他的血液变成了奔流不息的江河；他的汗变成了滋润万物的雨露……

盘古呼气成云　魏思静　戴云伟/绘

占卜天气

甲骨文主要指我国商朝晚期王室用于占卜记事而在龟甲或兽骨上镌刻的文字，是我国甚至东亚已知最早的成体系的商代文字的一种载体。甲骨文中有人们对气象信息的记载，说明我国在公元前 18—前 11 世纪就开始观测天象，并对风雨雷电等各种天气现象尝试进行记录总结。

殷墟时代，农牧业、战争及其他社会活动都十分需要气象保障，因此，人们希望能够预知天气变化，以便安排活动。商人常常把卜问未来十天的天气称为卜旬，并把卜问的日子称为癸日。卜问后，他们会把这十天实际观测到的主要天气现象刻录在甲骨上，以便检验卜问的准确率。这些预报方法虽谈不上科学，但却见证了人类科学早期所经历的从占卜到经验分析转变的哲思过程。

观云的古往今昔

癸卯贞旬　甲辰雨　乙巳雾　丙午启

天气卜辞　戴云伟 / 合成

癸卯贞问十天内天气变化，验辞为：甲辰日有雨，乙巳有雾，丙午天开云散。

🐚 甲骨文中的气象现象

为了适应自然环境，祈求风调雨顺、五谷丰登、生活平安幸福，气象是古人重点关注的内容，因此甲骨文中对气象现象的记载十分完整、细致。可以说，甲骨文中的气象是大气科学的雏形。

记载天气现象的甲骨文　戴云伟/合成

"云"字在甲骨文中出现，说明古人已注意到了云与天气变化的密切联系。同时，其他文字如风、雨、雪、霾、虹等的出现，足以说明古人在商代就对众多气象现象有了粗浅的认识。

❧ "云"字的历史演变

"云"字最早见于甲骨文，其古字形像云气。"云"字是会意字，犹如一朵舒卷的云彩，其上的"二"为甲骨文中的"上"字，也指天空，下部为卷曲的云的形状。 在《说文解字》中，云是指在山川之间升腾起的气息。"云"字也用作动词，表示"说、道"，如人云亦云、不知所云。

"云"字的演变　戴云伟 / 合成

金文中的"云"下半部分变为向右卷曲。战国时期进行篆文规范时，将云分为两个字。一种加形符，"雨"作"雲"，从雨从云，云兼表声音，成为形声字，现又简化为"云"；一种保持原本字形不变。隶书中沿用了篆书的写法，将卷曲的云变为横平竖直的笔画。今天我们常用"惊天地泣鬼神"来形容惊人事迹。其实，最早让天地震惊的人类壮举，当属文字的发明。《淮南子》说，黄帝的史官仓颉创造了汉字，随即"天雨粟，鬼夜哭"，因为文字泄露了天地的秘密。若无文字，文化的传承、知识的推广都会失去载体。

🐛 《吕氏春秋》中云的分类

《吕氏春秋》，又称《吕览》，它对一年中每个月的气候、物候特征进行了全面总结，并对云进行了简单的分类，即山云、水云、旱云、雨云四类。同时认为，云的形状对天气预报具有指示意义。鱼鳞状的云预示有雨水，至今还有"鱼鳞天，不雨也风颠"的谚语。旱云指火烧云，民间谚语有"火烧云，晒死人"。波状的云则预示会下雨。

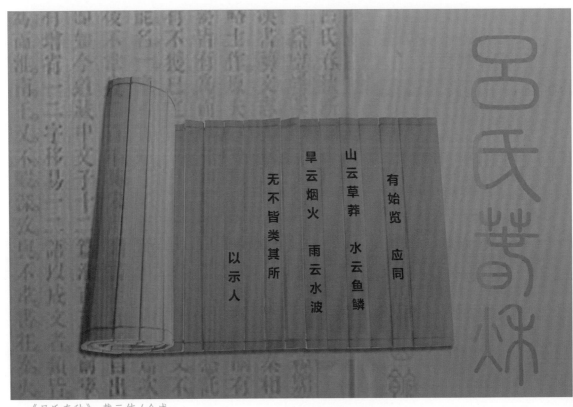

《吕氏春秋》 戴云伟／合成

🐚 古画中描绘的云图

古代，借助于手工描摹和文字说明，也制作出了许多云图。在我国，出土于长沙马王堆汉墓的帛书《天文气象杂占》是目前发现最早的云图。另外，还有敦煌出土的《占云气书》(唐天宝初年)。明代茅元仪《武备志·载度占》中的《玉帝亲机云气占候》，里面有51幅云图。明代典籍《正统道藏》中有《雨畅气候亲机》《雨晒气候亲机》两篇，内有云图39幅，等等。

汉代的云图（参考《中国气象史》）戴云伟 / 合成

中国古代就有绘制着天文气象图像的帛书，用于占验吉凶。1973年出土于湖南长沙马王堆三号汉墓，内有图约250幅，包括云、气、晕、虹、蜃景和星等，其中以云、气最多，晕象尤为丰富，与后世流传的中国古云图和晕象图有明显的渊源关系。

🌀 旸气上升图

明末清初，《诸葛武侯白猿经风雨占图说》一书中出现了"旸气上升图"。旸，音同"阳"，本意是指旭日初升。旸气，即暖湿空气。

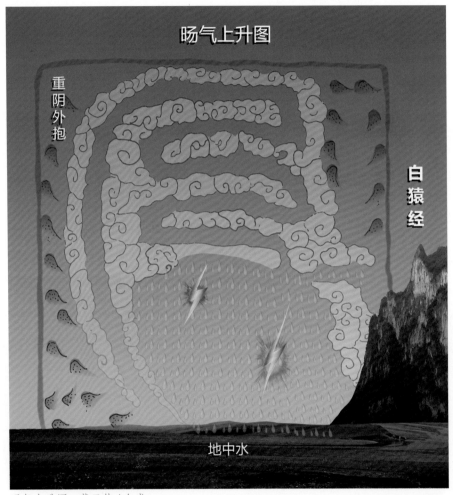

旸气上升图　戴云伟 / 合成

图中用旸气描述了暖湿空气产生的对流作用，水汽上升，受重阴的抑制而成云致雨，降落到地面并渗入地下的水分循环过程。重阴，类似于今天理解的静力层结所产生的抑制作用。可以说，这是我国古代对气象理论的一个较深层次的认识。

🍃 笛卡尔心中的云

笛卡尔在《气象学》一书中从以下方面对云进行了阐述：云、水汽和雾的区别；为什么水汽会聚集成云、雾；为什么云不是透明的；水汽是如何变成云中的水滴，以及水滴为何是完美的球形；为何云往往层层叠叠；山区的云为何要比其他的地方多；高云往往由冰晶组成。

笛卡尔认为蒸汽不仅产生了风，还产生了云。当蒸汽在扩散过程中越来越不透明时，如果向地表扩散就会形成雾，如果蒸汽继续抬升，就会形成云。这里的蒸汽指的就是水汽，笛卡尔认识到云是水汽上升运动的产物，同时水汽蒸发到一定浓度可以形成雾，雾抬升可以形成云。

笛卡尔对云的成因认识　戴云伟/合成

🌀 气象谚语

古人通过观察云的出没时间、方向位置、演变动态、形状、明暗、颜色、阴晴等，总结了很多观云识天的宝贵经验，并把这些经验凝练于气象谚语中，因其语言精练、通俗且寓有深刻哲理，所以广为流传，深受人们的喜爱。目前收录的气象谚语已经超过 4 万条，其中关于云的气象谚语有 3000 多条。

古代观云 戴云伟/合成

天上钩钩云
地下雨淋淋

戊戌秋月 李俊

谚语"天上钩钩云，地下雨淋淋"中的"钩钩云"指的是钩卷云，天空出现钩卷云，预兆着短期内将会出现阴雨天气。钩卷云常出现在天气系统主体外围。当看到天空有源源不断的钩卷云飘过时，一般意味着天气系统主体已经位于本地以西，未来1～3天可能会到达本地，水汽充足时会产生降水。

在不同地域，关于钩卷云的谚语略有不同。辽宁有"钩云挂空，当日有风"；山东有"钩钩云往上蹿，三天之内定变天"；河南有"钩云不过三，雨水不过当天"。

钩钩云（钩卷云）视觉中国

111

密卷云俗称扫帚云，一般会出现在天气系统的高空外围前沿，同钩卷云和毛卷云一样，对上游的天气系统发挥着"消息树"的作用。密卷云是比较浓密的一种卷云，它的出现表明高空水汽较多，预示着天气系统即将影响本地，可能会有较大的降水。

密卷云　视觉中国

卷云由悬浮的冰晶组成，在高空大风的扯拽下，呈现丝缕状。谚语中的"丝云"指的是毛卷云。大范围的毛卷云出现，往往预兆意义明显，未来变天的可能性较大。但是否会有降水，还要看天气系统到来时水汽的供应如何。总之，根据气象谚语预报天气具有一定的可信度，但仍需要多方面综合考虑才会更加靠谱。

毛卷云　视觉中国

月亮带风圈
一连刮三天
李俊

"月亮带风圈，一连刮三天。"这条谚语说的是当月亮周围出现晕圈时，未来三天内可能有大风天气。卷层云通常较薄，夜间容易被忽略，但是有月亮时，卷层云中的冰晶会对月光产生折射，形成月晕。

卷层云通常出现在天气系统的上部，范围可达成百上千千米，像触须一样向外伸展。通常会在天气系统到来前看到卷层云。这条谚语在冬季更为灵验，卷层云的出现预示冷空气即将到达本地。

月晕 戴云伟/摄

"天起鱼鳞斑，晒谷不用翻"，意思是天上出现鱼鳞状的云，即透光高积云，则意味着天气将好转，接下来烈日当头，是晾晒粮食的绝佳天气。类似的谚语还有"瓦块云，晒死人"。

透光高积云一般出现在天气系统后部，它的出现多意味着给本地带来阴雨的天气系统已经过境，此时空气清洁，通透性好，到达地面的太阳辐射强，因此粮食不用经常翻动也可以晒干。

透光高积云 高永华/摄

　　"早上天边馒头云，午后地下雨淋淋。""馒头云"是淡积云的俗称，
多在午后出现，主要由地表加热产生的空气热泡上升到一定高度后，其中
的水汽凝结形成。夏半年，这种云司空见惯，通常是天气晴好的征兆。但
如果是早晨出现就该留点神了，因为早晨本该是一天中大气相对稳定的时
候，如果远处淡积云成片出现，再经过一上午的暴晒加热，下午就有可能
出现雷雨。

淡积云　视觉中国

　　"清早宝塔云，下午雨倾盆。""宝塔云"指浓积云。它由大气不稳定能量被触发的对流所形成，一般后半夜至早晨大气稳定，午后因太阳暴晒稳定度会变差。若早晨出现浓积云，则意味着早晨大气就开始不稳定了，经过一上午太阳的暴晒，下午有可能会发展出积雨云，出现倾盆大雨。

浓积云　视觉中国

清早城堡雲

下午雷雨臨

李俊

谚语"清早城堡云，下午雷雨临"中"城堡云"指堡状层积云或堡状高积云。清晨通常是一天当中大气较稳定的时候，此时经常会出现一些条状的层积云或高积云。如果这些云条上再发展出一朵朵积云，形成堡状云，则表明大气的稳定度已经降低。到了下午，经过一天的底部加热，大气会更加不稳定，很有可能发展为积雨云，并带来雷雨天气。

堡状层积云　视觉中国

谚语"早起破絮云，不愁有雨临"中"破絮云"指絮状高积云。与其他高颜值的透光高积云相比，絮状高积云边缘模糊。其他高积云多是浅层内上部过冷所形成，而絮状高积云是由于高空浅层内下部过热所形成。特别是在夏季的早晨，如果出现了这种浅层细胞对流，则说明午后天气将更加不稳定，更有可能发生对流性天气带来的降雨。

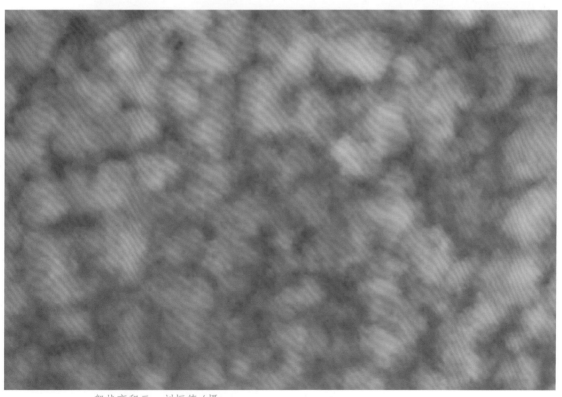

絮状高积云 刘恒德/摄

近代观云

——服务于天气图预报方法

14—17 世纪的欧洲文艺复兴运动推动了近代科学的发展。温度表、气压表、湿度表、风向风速仪等气象观测仪器的诞生，改变了人类几千年来对自然现象只能做定性描述的状况，使得定量描述自然现象成为现实。

为了探索大气的奥秘，世界各地纷纷建立了气象观测站。1841 年，俄国教会在我国设立了北京地磁气象台，这是我国最早使用近代气象仪器进行连续观测的气象台站。

气象观测站　戴云伟/合成

18 世纪开始，云的观测开始标准化、科学化。目测观云是气象观测业务的重要内容，随着科技的发展，气象雷达、气象卫星也开始加入监测行列，从更大视野捕捉云的图像。不论采取何种手段，直至 20 世纪末，观云都是为了更好地服务于天气图预报方法，本书称这一阶段的观云为近代观云。

🐚 云的科学分类

在18世纪之前，气象学尚未成为一门独立的学科。尽管人们尝试创造一系列术语来描述云，但是自然哲学家和诸多学者很难对其达成一致。法国科学家拉马克曾于1801年提出了一套最早的云的分类方法，然而由于种种原因这一方法未能得到推广。

科学家与云的分类　戴云伟/合成

1803年，英国气象学之父霍华德发展了拉马克的云分类方法，将云分为三大类型，即层状云、积状云、卷状云，并在此基础上延伸出其他七类云型。自此引起了各国气象学家对云的观察、研究和分类。随后，英国气象学家阿伯克·龙比和瑞典气象学家希尔德·布兰松又对霍华德的分类方法进行了深入研究，并最终形成国际气象委员会认可的云分类方法。据此分类标准，国际气象委员会于1896年出版了第一本《国际云图》，这在观云史上具有里程碑意义，该年也被称为国际云年。

✎ 观云进入新纪元

人工目测观云：第一本《国际云图》出版之后，美国、加拿大、印度、日本等十多个国家的气象站随即展开了对云的观测。自此人工目测观云一直是世界各国气象站的常规观测内容。直至20世纪末，随着气象卫星观云技术的提高，人工观云逐渐被气象卫星代替，中国气象局也于2015年终止了气象观测中的人工观云业务。

科学观云历史进程　戴云伟 / 合成

科学仪器观云：人工目测观云有一定的局限性。1960年开始借助气象卫星对云进行更大范围的观测。天气系统的整体轮廓可以直接呈现在一张卫星云图中，为预报员的主观预报提供了更为直观的参考和依据。除了拍摄云图外，气象卫星上携带的各种仪器也可对云的物理特征进行全面观测，这些观测数据为后面将要介绍的当代数值预报技术发展奠定了坚实的数据基础。

除了气象卫星之外，气象雷达也是重要的观云仪器，只是雷达回波图像没有卫星云图那么逼真。

🍂 人工目测观云

近代气象业务中的观云是由专业的观测员在规定的时间去观测，观测内容主要有判定云状、估计云量、测定云高，以及观察云的连续动态演变。

人工目测观云　戴云伟/合成

云状：我国观测员根据《中国云图》的分类标准对观测场天空的云状进行判定，同时注意记录云的演变动态。

云量：指云遮蔽天空视野的成数。把整个天空视野分为10成，总云量是指天空被各种云掩蔽的总成数，低云量是指天空被低云（积雨云、积云、层积云、层云、雨层云）所掩蔽的成数。一般观测总云量和低云量。云量的多少由观测员根据经验进行目力估计，因此观测数据主观性强。

云高：气象台站的云高观测广泛采用目力观测，只有在有特殊需要时才使用激光、云幕灯、气球来观测云高。

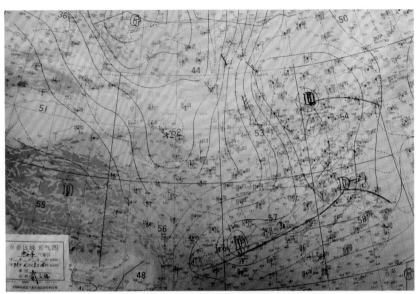

地面天气图（作者任68号预报员时分析） 山东省枣庄市气象局

将各地气象站同一时刻观测到的气象资料填充到底图上，即天气图。

近代气象阶段气象预报员就是通过分析天气图来预报天气的。

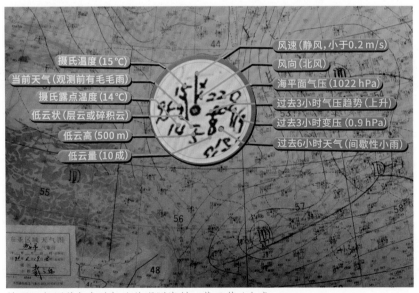

摄氏温度(15℃)
当前天气(观测前有毛毛雨)
摄氏露点温度(14℃)
低云状(层云或碎积云)
低云高(500 m)
低云量(10成)

风速(静风，小于0.2 m/s)
风向(北风)
海平面气压(1022 hPa)
过去3小时气压趋势(上升)
过去3小时变压 (0.9 hPa)
过去6小时天气(间歇性小雨)

地面天气图某气象站标注的观测资料 戴云伟/合成

天气图上每个观测站点位置都密密麻麻而又有序地标记着该站的翔实观测资料，云状、云量、云高也被标注在该站资料的特定位置。

云——天气系统的"外衣"

天气系统通常由气温、气压、湿度、风等变量的时空分布特征来体现，它决定着天气状况。天气系统主要包括高压系统和低压系统，当高压系统控制当地时，天气晴好，当低压系统影响当地时，会出现云雨天气。在低压系统的不同部位通常会对应着不同的云型。某些云的出现可揭示低压系统的大概位置、强度和趋势变化，为预报员提供一定的参考，可以说云是低压系统的"外衣"。

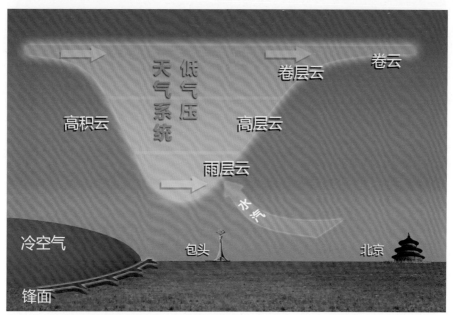

低压系统不同位置常出现的云 戴云伟/绘

卷云、卷层云通常会出现在低压系统的最高端、最前沿，堪称天气系统到来前的"消息树"，它们的出现意味着天气系统的"触须"已经伸展到本地上空。所以，关于卷云、卷层云的气象谚语最多。而高积云通常会出现在天气系统后部，特别是透光高积云，一旦出现即意味着天气系统已经过境，天气即将变为晴好。

🐚 气象卫星观云

在近代观云的后期，气象卫星开始在太空以更大的视角进行自动化观云，所拍摄到的卫星云图让全球的天气系统一览无余。

气象卫星实质上是一个高悬在太空的自动化高级气象观测站，可以获得全球范围的各种大气探测资料。除了云的各种特征数据外，还包括辐射、温度、湿度、风等数据资料。

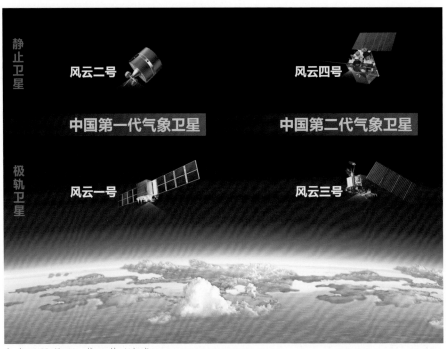

气象卫星观云　戴云伟／合成

由气象卫星自上而下观测到的云层覆盖图像，即卫星云图，呈现了各种不同尺度天气系统的云区分布，卫星云图中云的特征如下表所示。

利用卫星云图可以识别不同的天气系统、确定它们的位置、估计其强度和发展趋势，为天气分析和预报提供依据。卫星观测可以有效弥补地面观测站在海洋、沙漠、高原等地区的资料空缺，这对提高天气的认识和预报准确率都起了重要作用。

卫星云图中云的特征

云类		云型特征	色调特征	
			可见光云图	红外线云图
卷状云	毛卷云	纤维状结构，透过云层可见其下方的云、地物	深灰色至灰色	浅灰色
	密卷云	厚而密实，呈球状或细长状	浅灰色至白色	白色
	卷层云	光滑均匀，带状或宽的云罩，边界处呈纤维状	灰色至白色	白色至灰色
层状云	高层云	光滑，纹理均匀，边界破碎或光滑，常以层状出现	浅灰色	均匀的中灰色
	高积云			
	层 云	光滑，边缘陡峭	从灰色到白色，越浓厚，色调越白	均匀的中灰色
积状云	积 云	云块分布不规则，有的聚集成群	白亮	较明亮
	积雨云	出生阶段边界光滑整齐，成熟阶段边界有云羽	非常白亮，纹理较光滑。当有穿顶性强云时，运动多起伏，多皱纹和斑点状	中心处或邻近砧的上风方白亮，朝着下风方向边缘处较暗
	层积云	在洋面上冷空气平流区表现为闭合的细胞状云。常有与其相伴的重力波动，有时会出现山地波或岛屿背风涡旋	均匀，中心白亮，朝边缘薄处逐渐变灰	均匀的深灰色，细胞状结构不明显。云层较低时，可能检测不出来

观云的古往今昔

锋面云系　国家卫星气象中心

　　锋面云系由卷云、卷层云、高层云、雨层云组成，其中也不乏高积云和层积云。冷锋、暖锋、准静止锋云系稍有区别，但大致相似。

锋面云系　国家卫星气象中心

　　图为1999年6月27日梅雨期间风云卫星监测到的锋面云系。夏半年的锋面云系中有大量的积云、积雨云，图中密实白亮部分即为积雨云。

温带锢囚气旋云系　国家卫星气象中心

　　温带气旋达到鼎盛阶段以后，底部已经完全被冷空气占据。气旋失去了来自低空冷暖空气较量产生的升力，云系开始逐渐衰退，专业上称之为锢囚气旋云系。温带气旋南部仍牵连着东移的锋面云系。

冷涡云系 国家卫星气象中心

　　冷涡中心位于华北北部，主要为中低云；外围逆时针转入的云带由
高、中、低层云系组成，向外流出的丝缕状卷云十分清晰。

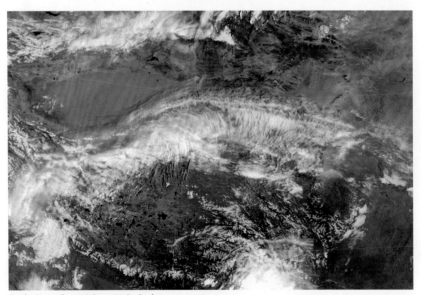

切变线云系 国家卫星气象中心

　　切变线云系产生于高空不同方向气流间的相"搓"作用。云系主要由
中云和高云组成，南部的云系中常伴有白亮的积雨云。

台风云系　国家卫星气象中心

　　台风云系为涡旋状云系，较强的台风常伴有台风眼，眼区内为下沉气流形成的无云区，外围的螺旋云带从多个方向旋入台风中心附近，为台风提供能量。热带气旋是一种主要的灾害性天气系统。在西太平洋上，热带低压、热带风暴、强热带风暴、台风统称为热带气旋，它们依次对应不同强度的热带气旋。

辐合带云系　国家卫星气象中心

　　夏季风期间，暖湿气流向东北方向涌进，在副热带高压的南侧汇合成
一条东西向的辐合带云系。通常这种云系伴随着暴雨和雷雨大风。

东风波云系　国家卫星气象中心

　　图中的东风波云系位于我国南海南部及其附近海域，它由一个个白亮
的云团组成倒"V"字云型，伴随强降雨的同时还有可能孕育着台风。

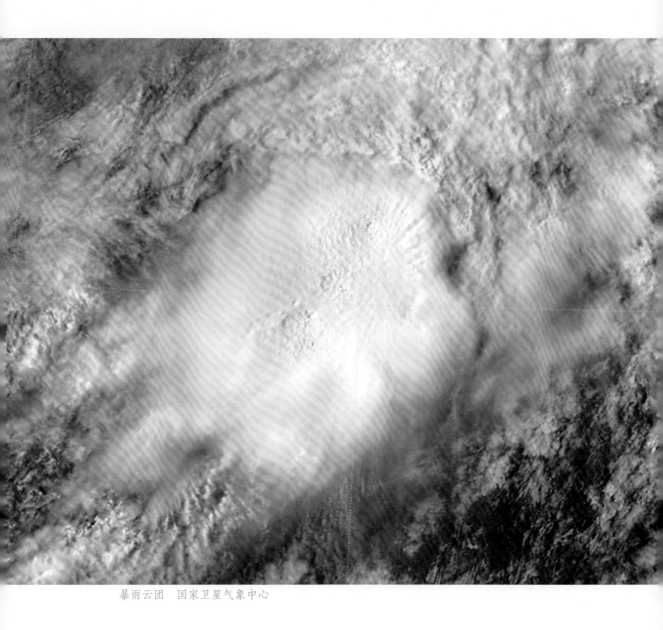

暴雨云团　国家卫星气象中心

　　云团对应的是可以产生暴雨和强对流天气的一种中尺度系统。通常它们由多个大小不等的积雨云组成，或混杂着一些其他的积状云、层状云，与高空的卷云砧连成一片，表现为周围边界模糊的白亮密实云区，外围不断有卷云飘离云体，对应的是伪卷云。云团密实区通常伴有强降水、冰雹或雷暴大风等强对流天气。海洋上的云团在一定条件下还可以发展为台风。

🐚 气象雷达观云

在近代观云的科学仪器中，除气象卫星外，气象雷达也发挥了不可替代的探测作用，它可以通过回波图像展现云雨的分布特征。尽管雷达回波图像看上去不如卫星云图那么逼真，但却在监测灾害性天气系统中发挥着千里眼的作用。 随着网络技术的发展，对不同地点、同时观测的雷达回波进行互连拼图，可窥测更大范围的天气系统活动。可以说，雷达布设到哪里，就可窥测其周围几百千米范围内的云雨情况。除了测云雷达外，天气雷达重点监测降水，特别是对流性降水。

天气雷达网监测到的台风　戴云伟 / 合成

作者编撰了一句顺口溜来帮助读者识别雷达回波图——"蓝云绿雨黄对流，红到发紫强对流"，即蓝色表示云的回波，绿色为雨滴的回波，黄色为浓积云、积雨云等对流性天气降下的较大雨点或冰粒的回波，红到紫色为以强烈积雨云为特征的强对流天气的回波，其中多夹杂着冰雹。红到发紫的颜色一般对应灾害性的强对流天气。

层状云降水的回波特征：一般是雨层云形成的回波，与大尺度天气系统密切相关。回波面积大，一般呈片状，回波相对较均匀，最大强度一般小于 40 dBZ，有明显的零度层亮带，一般回波顶高小于 8 千米。天气现象为连续性的降水或降雪。

对流性降水的回波特征：一般是积云、积雨云形成的回波，与灾害性天气密切相关，是雷达气象学的研究重点。回波强，一般中心强度大于 40 dBZ，其特点同对流单体回波，一般顶高大于 10 千米，高者可达 18 千米。个体分明，发展迅速，生命史一般为几十分钟至几小时。

反射率
70
65
60
55
50
45
40
35
30
25
20
15
10
单位：dBZ

天气雷达网监测到的对流性天气　戴云伟/合成

小知识

"dBZ"数值可体现雷达回波的强度，可以反映天空中云滴、雨滴、雪花、冰雹等粒子的分布情况。一般雨滴的回波强度大于云滴，冰雹的回波强度大于雨滴、雪花。当值大于或等于40 dBZ时，出现雷雨天气的可能性较大；当值在45 dBZ或以上时，出现暴雨、冰雹、大风等强对流天气的可能性较大。

当代观云
——服务于数值预报的自动化观云

进入 21 世纪，气象业务中人工观云成为历史，气象雷达、气象卫星等自动化观云设备的观测范围广、次数多、时效快、数据质量高，不受自然条件限制，已远非人工目测可比。我国也于 2015 年取消了日常业务中的人工观云业务，观云步入了科学仪器自动监测的新阶段。

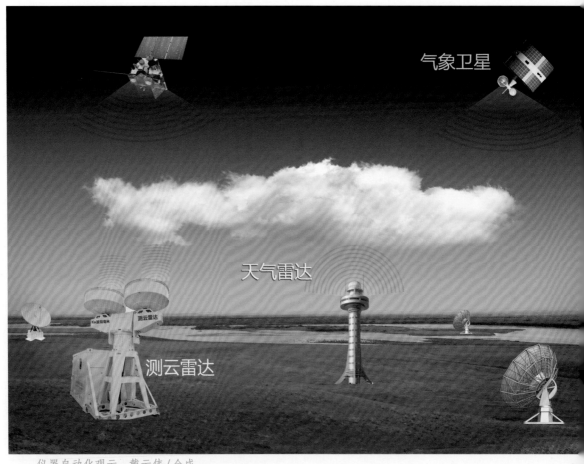

仪器自动化观云　戴云伟 / 合成

知云解云

🌀 为数值预报模式观云

早在20世纪就已经使用气象雷达、气象卫星来观云，但那时的重点在于从更广阔的视野观测云的外观图像（雷达回波和卫星云图）。这些图像可以帮助预报员更直观地判断天气系统所在位置、强度和变化趋势。气象雷达、气象卫星相当于延伸了人工观云的视野，是天气图预报方法的有益补充。

随着数值预报技术的业务化，云的外观图像已经远远不能满足当代预报技术对数据的需求，而通过气象雷达、气象卫星能获得大量监测数据，可以分析云的物理特征、化学特征，如相态、云滴浓度、滴谱分布等，它们都成为数值预报不可缺少的重要"原材料"。

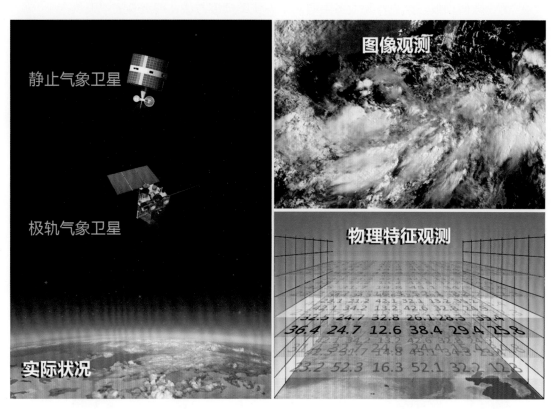

观云从图像化向特征数值化拓展　戴云伟/合成

🐌 什么是数值预报

1904年，气象学家威廉·皮叶克尼斯认为天气预报是数学、物理问题，提出了数值预报的思想，即可以通过数学、物理公式计算出天气预报。20世纪20年代，英国气象学家刘易斯·理查森构思出"天气预报工厂"：在一个球形建筑大厅中，很多人分坐在大厅内不同高度的五个圆形工作台上，负责处理资料和计算，中央的柱子上坐立着协调指挥人员。在统一协调下，工作人员用数学、物理方法算出未来的天气。1922年，理查森第一次尝试用计算机来计算天气预报，但是失败了。1950年，气象学家恰尼与计算机之父冯·诺依曼等首次用电子计算机成功预报了500百帕天气形势的36小时预报，标志着数值预报技术的诞生。又经过几十年的努力，数值预报已经在气象业务中取代了天气图预报方法，理查森的"天气预报工厂"之梦已成为现实。

刘易斯·理查森构思的"天气预报工厂"　魏思静/绘

数值预报方法是根据已知初始条件，数值求解流体动力 – 热力学方程组，计算未来一段时间内的天气形势或有关气象要素的一种客观定量预报方法。数值预报中扮演主角的是数值模式，包括方程式、数值解法、初始条件、边界条件和各种参数等。云的各种宏观、微观监测数据与气温、气压、风向风速、湿度等监测资料一并成为数值模式运转的初始条件；云也是大气模式中的一个重要过程，模式中与云直接或间接相关的物理过程参数化方案有辐射过程、微物理过程、积云对流过程等。

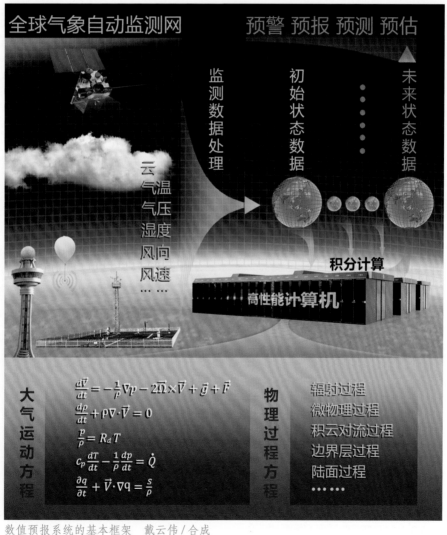

数值预报系统的基本框架　戴云伟 / 合成

🐚 云在数值预报中的作用

从气象卫星观测资料来看，云常年覆盖着地球表面约 50% 的面积。云的监测数据是数值预报中的重要初始变量（如云量），也是数值模式中与云有关的参数化方案发展的重要资料支撑。模式中的降水包括大尺度降水和对流性降水两部分，分别对应着前面介绍的"层"和"积"两大特征的云。云影响着辐射，控制着进出地球系统的能量；云中的水滴与冰晶对辐射有着相反的作用。另外，水汽在凝结为云的过程中又会释放出大量的热量影响大气运动。

云在气候变化方面的影响也不容忽视。2019 年，世界气候变化研究（WCRP）联合科学委员会提出，急需投入研究力量来应对七大科学挑战，其中第二条为"云、环流和气候敏感度"。

云中的水分能够吸收、反射和释放大量能量，云层是影响地球辐射收支能量中最大的可变性因素。

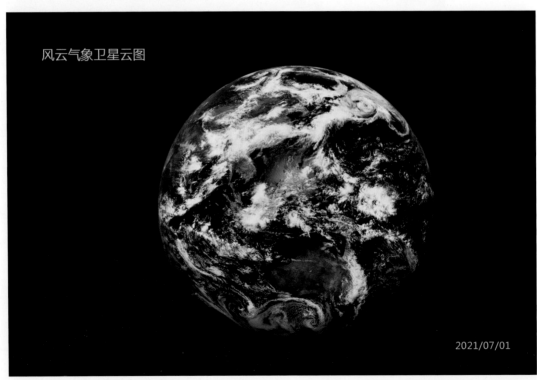

风云气象卫星云图

2021/07/01

云覆盖着的地球　戴云伟/合成

🐚 观云日趋重要

在太阳射向地球的 100 个单位的辐射能量中，云通过长波、短波将 46% 的能量射回太空，是地球系统三大"能量支出者"中最大的，另外两个分别是大气（支出 44%）、地表（支出 10%）。因此，云量的多少与空间分布直接影响气候，也间接影响天气。

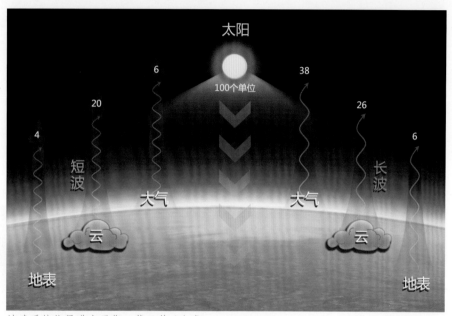

地球系统能量进出平衡　戴云伟 / 合成

水滴的反光性强，因此水滴组成的云发挥着阳伞效应；冰晶透光性强，因此发挥着温室效应。

水汽在凝结为云的过程中会释放大量的热量，特别是积状云的形成，其短时间内所释放的热量会形成强烈的对流运动。对流运动会直接影响中小尺度降水的空间分布。

因此，云的物理过程描述是否合理影响着数值预报模式的准确率。虽然有了卫星观测，但是对云的求解处理方法还有待进一步研究。云是自动化观测的重要内容，但也是最难处理的复杂因子。目前在不同的天气气候数值模式中，还没有统一的处理方法，刻画云过程的方案各有特色，是不同数值模式预报结果产生分歧的最大不确定性来源。

🌀 高度集成的自动化观测与预报系统

当代气象业务中的观云过程已不再像传统人工观测那么直观，一颗气象卫星就是一个悬在太空中的气象观测站，它不仅可以遥测云的特征，也可以遥测大气各个高度的气温、湿度、风向风速，与其他自动化的地面气象观测设备形成全球综合气象自动监测网。它可以捕捉地球大气中的各种特征数据，传送给高性能计算机，通过人工编制的各种数值预报模型可计算出相应的数值产品，服务于不同时间尺度的业务，如天气预警、天气预报，气候预测、气候预估等。监测网与自动化的预报模型已经"浑然一体"，对于普通公众来说，高科技化的气象观测与预报系统已经形同一个技术"黑箱"。气象业务已完全像一个大工厂，云的数据在其中所发挥的作用越来越大。

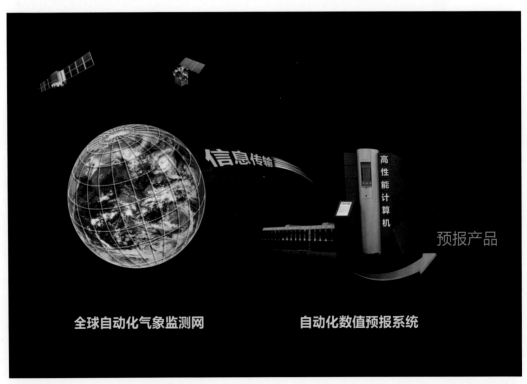

观测预报技术"黑箱" 戴云伟/绘制

后记

　　在完成《奇云异彩》之后，就计划在一年内完成《知云解云》，却也因种种原因一拖再拖。历时两年，今天总算完成了。本书涉及的知识面较广，从天气学、气候学、动力气象学到卫星气象、雷达气象、数值预报模式、气象谚语、气象科学技术发展史等各方面与云有关的知识入手，对云进行深度的解读。书中的很多内容都具有创新性，"蓝云绿雨黄对流，红到发紫强对流"这句识别雷达回波的顺口溜就是总结研究的成果。水汽形成云的原因复杂多样，书中清晰地总结出五种基本途径，即冷暖混合、直接增湿、直接降温、直接降压和上升运动，并将它们的关系绘制成图。此外，以往关于冰晶组成的云为何会表现出丝缕状也鲜有明确的解释，本书通过冰晶升华的速度远小于水滴蒸发的速度这一原理很好地解释了卷云、卷层云呈丝缕状的原因。观云的古往今昔中，从不同历史阶段介绍了观云技术和方法。

　　"云知识探秘科普丛书"（《观云识云》《奇云异彩》《知云解云》）是作者近30年业务工作中对云知识所学、所思、所悟的一个总结。为了能够更好地深入浅出，创作过程中我不仅梳理了从观测到预报的整个知识体系，还翻阅了中国气象局图书馆里所有与云有关的图书，也网购了很多与云有关的外文书和二手旧书，以充分了解国内外气象学者的观念，然后结合自己的理解，最终完成《知云解云》的编写。

著书的五年，也是观人识人的五年，无形中一次又一次的体验，有温馨，有失落。随着丛书的完成，也渐渐领悟了沈从文的那句"没有一个足够宽容的心，就看不到一个春光明媚的世界"。若说一点感想，首先想到的就是，无论所处的环境是多么浮华，自己都要时刻保持清醒和理性，秉持"和而不流、立而不倚"。

最初，自己对科普工作的意义还没有领悟太深，每每听到专家学者的赞许，总是说自己做不成大事，也只能做些科普了。但科普需要博览众采，深入浅出，做起来并不是说起来那么简单。何金海教授对我的这项工作也是高度认可和鼓励："云伟，你这是独辟蹊径地找到了一条适合自己的奋斗之路，这些成绩也非一般人能做得到的，这些成绩是长期磨励的心血。"老人家每次来北京都是来去匆匆，但只要有时间他都会约我一块吃一次早餐，边吃边聊，时间虽短，但每次都让我受益匪浅，有鼓励，有督促，有教诲。感恩那些为本套丛书提供各种支持和帮助的人，也

感谢默默给予我关照的人。没有众人的支持、关心和帮助，这套丛书的成功出版是不可能想象的。

孩提时代，我就对乌云滚滚、电闪雷鸣等气象现象有一种莫名的恐惧。在割草、放羊时，天空稍一变暗，哪怕是遇到一朵淡积云暂时遮挡了太阳，我就吓得赶紧往家跑。父母总以为我是在为自己的偷懒找借口，其实，那是自己对天气变化的真实感受。

从气象角度观之，云让无形的大气运动带给您最直观的感受；从生活角度观之，云让您提前觉察到天空的脸色；从人生角度观之，云可以让您从中领悟"变幻无常"的哲理。每当天空出现"靓云"，各地的朋友都会不约而同给我分享他们拍到的照片，并询问这是什么云、后面是什么天气、为什么会出现，等等。我在回复交流中体验着著书带来的温馨，快乐来得就是这么简单。无论多忙，请别忘了抽点时间"观云识云"，留意"奇云异彩"，然后"知云解云"。

戴云伟

2022 年 6 月于北京